菜蔬手册

美味篇

张明◎主编

江西科学技术出版社

·南昌·

图书在版编目（ＣＩＰ）数据

蔬菜手册. 美味篇 / 张明主编. -- 南昌：江西科
学技术出版社，2017.11
ISBN 978-7-5390-6126-9

Ⅰ．①蔬… Ⅱ．①张… Ⅲ．①蔬菜－手册②蔬菜－烹
饪－手册 Ⅳ．①S63-62②TS972.123.1-62

中国版本图书馆CIP数据核字(2017)第272138号

选题序号：ZK2017250
图书代码：D17103-101
责任编辑：张旭 刘九零

蔬 菜 手 册 . 美 味 篇

SHUCAI SHOUCE MEIWEIPIAN

张明　主编

摄影摄像	深圳市金版文化发展股份有限公司
选题策划	深圳市金版文化发展股份有限公司
封面设计	深圳市金版文化发展股份有限公司
出　　版	江西科学技术出版社
社　　址	南昌市蓼洲街2号附1号
	邮编：330009　电话：（0791）86623491　　86639342（传真）
发　　行	全国新华书店
印　　刷	深圳市雅佳图印刷有限公司
开　　本	720mm×1020mm　1/16
字　　数	180千字
印　　张	12
版　　次	2018年3月第1版　2018年3月第1次印刷
书　　号	ISBN 978-7-5390-6126-9
定　　价	35.00元

赣版权登字：-03-2017-389

序言
Preface

美味蔬菜吃出花样

蔬菜是人们摄取营养的重要途径之一。《本草纲目》中指出："菜之于人，礼非小也。"蔬菜营养丰富，含有人体必需的维生素、矿物质、碳水化合物、蛋白质等，是人体所需维生素和矿物质的主要来源。蔬菜的种类广泛，其生长季节各不相同，使得其属性也各不相同。中医的基本养生之道即顺应自然界变化，以避免生出百病。一年分春、夏、秋、冬四季，我们常听说"春生、夏长、秋收、冬藏"，对蔬菜而言，就是要我们顺应各季的养生规律，巧食时令蔬菜，不仅可以尝到美味的当季蔬菜，还有食补的功效，可谓两全其美。

本书将教你如何吃到最合自己口味的蔬菜，以及推荐一些经典的菜肴。从选购最新鲜的蔬菜，到合理储存蔬菜、处理蔬菜，带你吃出不一样的美味。

名称

根据日常使用标准订定名称。

食材解说

该食材的别称、栽培历史、功效等。

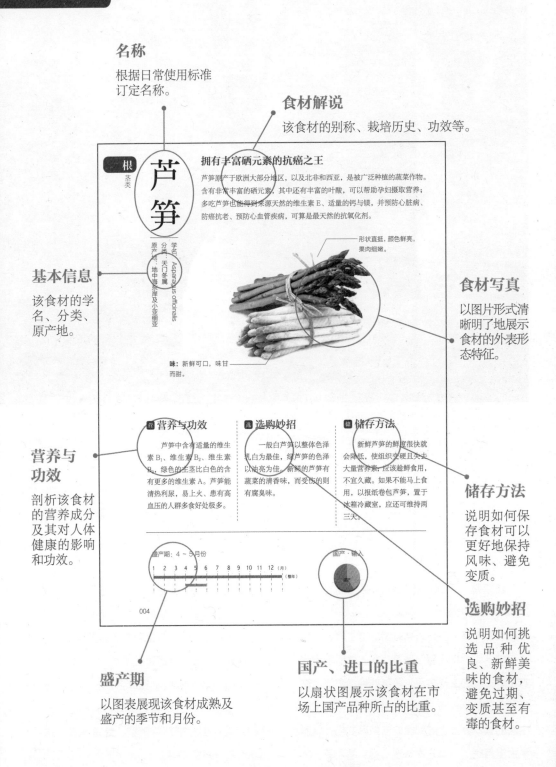

根
茎类

芦笋

学名：Asparagus officinalis
分类：天门冬属
原产地：地中海沿岸及小亚细亚

拥有丰富硒元素的抗癌之王

芦笋原产于欧洲大部分地区，以及北非和西亚，是被广泛种植的蔬菜作物。含有非常丰富的硒元素，其中还有丰富的叶酸，可以帮助孕妇摄取营养；多吃芦笋也能得到来源天然的维生素 E、适量的钙与镁，并预防心脏病、防癌抗老、预防心血管疾病，可算是最天然的抗氧化剂。

形状直挺，颜色鲜亮，果肉细嫩。

味：新鲜可口，味甘而甜。

基本信息

该食材的学名、分类、原产地。

食材写真

以图片形式清晰明了地展示食材的外表形态特征。

🌱 营养与功效

芦笋中含有适量的维生素 B_1、维生素 B_2、维生素 B_3。绿色的主茎比白色的含有更多的维生素 A。芦笋能清热利尿，易上火、患有高血压的人群多食好处极多。

选 选购妙招

一般白芦笋以整体色泽乳白为最佳，绿芦笋的色泽以油亮为佳。新鲜的芦笋有蔬菜的清香味，而受伤的则有腐臭味。

储 储存方法

新鲜芦笋的鲜度很快就会降低，使组织变硬且失去大量营养素，应该趁鲜食用，不宜久藏。如果不能马上食用，以报纸卷包芦笋，置于冰箱冷藏室，应还可维持两三天。

营养与功效

剖析该食材的营养成分及其对人体健康的影响和功效。

储存方法

说明如何保存食材可以更好地保持风味、避免变质。

盛产期：4 ~ 5 月份

| 1 | 2 | 3 | 4 | 5 | 6 | 7 | 8 | 9 | 10 | 11 | 12 | (月) |

国产、输入

004

盛产期

以图表展现该食材成熟及盛产的季节和月份。

国产、进口的比重

以扇状图展示该食材在市场上国产品种所占的比重。

选购妙招

说明如何挑选品种优良、新鲜美味的食材，避免过期、变质甚至有毒的食材。

CONTENTS 目录

Chapter 1 根茎类

Chapter 2 叶菜类

Chapter 3 花菜类

Chapter 4 瓜果类

Chapter 5　菌藻类

Chapter 6　野菜类

Chapter 1

根茎类

根茎类蔬菜介于粮食与蔬菜之间，如土豆、甜薯、芋头等，含淀粉较多，可供给人体较多的热量。通常根茎类的蔬菜营养价值不如叶菜类，但钙、磷、铁等矿物质含量比较丰富，有的还含有丰富的胡萝卜素。

白萝卜

学名：Raphanus Sativus
分类：十字花科萝卜属
原产地：欧、亚温暖海岸

富含萝卜素的"古老蔬菜"

常见的萝卜有白萝卜和胡萝卜两种，其中白萝卜原产于我国，栽培食用历史悠久。营养丰富，富含维生素 A、维生素 C 等各种维生素，特别是维生素 C 的含量是其他根茎类的 4 倍以上，有很好的食用和医用价值，对助消化和养胃有很好的作用，深受大众的喜爱。

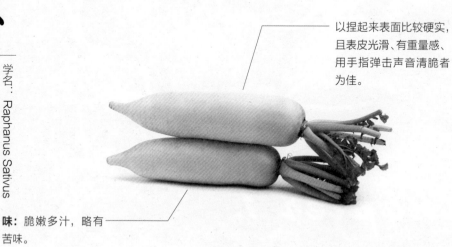

以捏起来表面比较硬实，且表皮光滑、有重量感、用手指弹击声音清脆者为佳。

味：脆嫩多汁，略有苦味。

营 营养与功效

白萝卜的含水量较高，约 94%，热量较低，膳食纤维、钙、磷、铁、钾、维生素 C 和叶酸的含量均较高。白萝卜中含有丰富的消化酶，该消化酶不耐加热，所以适宜生吃。白萝卜所含热量较少，纤维素较多，吃后易产生饱胀感，有助于减肥。

盛产期：秋、冬季

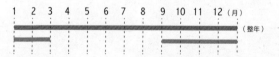

| 1 | 2 | 3 | 4 | 5 | 6 | 7 | 8 | 9 | 10 | 11 | 12 | (月) |

（整年）

国产·输入

国产

选 选购妙招

应选择个头大小均匀、根形圆整者。若白萝卜的根须是直的，则表示白萝卜是新鲜的；反之，如果根须部杂乱无章，分叉多，则可能是糠心白萝卜。新鲜白萝卜色泽嫩白、表皮光滑、皮色正常。

储 储存方法

洗净的白萝卜削去头部后，仍要保留一小段的萝卜叶梗，再以报纸将整根萝卜包妥后，以塑胶袋封装好，即可于冰箱中存放较长时间。带着泥土的新鲜萝卜，可直接放置在温度不高且通风之处即可。

烹 烹饪技巧

白萝卜可生食、炒食、煮食、煎汤或捣汁饮，烹饪中适用于烧、拌、熬，也可作配料和点缀。白萝卜品种繁多，生吃以汁多辣味少者为佳，身体不宜凉性食物者以熟食为宜。

食用宜忌

白萝卜为寒凉蔬菜，阴盛偏寒体质者、脾胃虚寒者不宜多食。白萝卜不宜与水果一起吃，日常饮食中，若将萝卜与橘子同食，豆腐会诱发甲状腺肿。

食 推荐食谱

蒸白萝卜

原料：
去皮白萝卜 260 克，葱丝、姜丝各 5 克，红椒丝 3 克，花椒、食用油各适量，生抽 8 毫升。

做法：
❶ 将洗净的白萝卜切成 0.5 厘米左右的厚片，在盘上摆放好，放上姜丝，备用；
❷ 取电蒸锅，注入适量清水烧开，放入白萝卜片，蒸 8 分钟；然后取出蒸好的白萝卜片，放上葱丝、红椒丝；
❸ 起油锅，放入花椒，爆香，将热油淋到白萝卜上面，去掉花椒，再淋上生抽即可。

TOP ❶ 改良汉白玉萝卜

韩国引进品种，叶色绿，根皮纯白，光滑，长圆筒形，肉质紧密，不易糠心，膨大快，裂根及须根少。播种后60天左右可收获。

TOP ❷ 丰光一代

长圆形、球形或圆锥形，原产于我国，品种极多，有绿皮、紫皮、红皮和白皮。具有多种食用和药用价值，有"土人参"之称。

TOP ❸ 丰力大青皮萝卜

叶片深绿，肉质根圆柱形，耐储存，不易糠心。肉质脆嫩、味甜可口，为秋萝卜品质较好的品种。生长期80~90天。

TOP ❹ 白玉小萝卜

美浓小萝卜的品种，特性是晚生，叶数多，叶面多茸毛，根为长圆锥形。

TOP ❺ 卫青萝卜

外表皮呈灰绿色，入土部分白色，肉色翠绿。水分足，糖分高，皮薄肉细，外形整齐美观，口感脆甜微辣。

TOP ❻ 樱桃萝卜

欧美各地最常见的萝卜，属小型萝卜类。根、叶均可食用。可蘸甜面酱生食，脆嫩爽口，有解油腻、解酒的效果。

TOP ❼ 露八分萝卜

叶簇半直立，株高40厘米，开展度约为80厘米。根大圆筒形，头部较大，肉质根有2/3露出地面，故名"露八分"。肉质脆嫩，水分多，稍有辣味。

营养丰富的大头菜

苤蓝是从欧洲引进的特菜新品种，以膨大的肉质球茎和嫩叶为食用部位，球茎脆嫩清香爽口。含大量的钾，维生素 C 含量高，维生素 E 的含量也超过"每日建议摄取量"的10%。具有消食积、去痰的保健功能，适宜凉拌、炒食和做汤等。

苤蓝

学名：Brassica oleracea var. caulorapa

分类：芸薹属

原产地：地中海沿岸

外形浑圆、有光泽，没有裂顶的好。

味：质脆嫩，可鲜食及腌制。

营 营养与功效

苤蓝所含的维生素 C 有止痛生肌的作用，能促进胃与十二指肠溃疡的愈合。还含大量水分和膳食纤维，可宽肠通便、防治便秘，排除毒素。

选 选购妙招

应挑选坚硬的，长椭圆形、球形或扁球形、有叶的肉质球茎，叶片卵形或卵状矩圆形、光滑、边缘有明显的齿或缺刻。

储 储存方法

放在干燥通风处，可保存一段时间。从市场买回来的苤蓝，可用保鲜膜裹住，放置在冰箱冷藏室里进行保鲜。

盛产期：全年

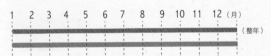

| 1 | 2 | 3 | 4 | 5 | 6 | 7 | 8 | 9 | 10 | 11 | 12 |（月）|

（整年）

国产·输入

国产

烹 烹饪技巧

　　苤蓝球茎不宜炒得过熟，以生拌为宜；苤蓝嫩叶营养丰富，含有丰富的钙，适宜凉拌炒食和做汤。

食用宜忌

　　苤蓝中的糖分比较高，糖尿病患者不宜过量食用，以免造成血糖升高。

食 推荐食谱

腊肉炒苤蓝

原料：

腊肉200克，苤蓝140克，红椒15克，干辣椒适量，姜片、蒜末、葱段各少许，蚝油8克，盐少许，鸡粉2克，料酒6毫升，水淀粉、食用油各适量

做法：

❶ 将苤蓝、红椒、腊肉分别切片；

❷ 锅中注油，倒入苤蓝、腊肉片，淋入料酒；

❸ 倒入姜片、蒜末、葱段爆香，放入干辣椒、彩椒片，用水淀粉勾芡即可出锅。

苤蓝品种

TOP ❶ 秋串

北京市郊区地方品种。植株高大，生长势强。叶片绿色，有蜡粉，叶片较多且大，叶柄较粗。球茎大，扁球形，表皮稍粗，浅绿色，皮薄，球茎表面有蜡粉。

TOP ❷ 青苤蓝

天津市品种，球茎为扁圆球形，皮绿色，表面有蜡粉，皮薄，质脆，鲜嫩，纤维少，品质好。单株球茎重600克左右。

TOP ❸ 河间苤蓝

河北省河间市地方品种。球茎为扁圆形，皮浅绿色，光滑，叶痕较浅。单株球茎重500克左右。肉质紧密，水分中等；味稍甜，宜生食、炒食。

TOP ❹ 青县苤蓝

河北省青县地方品种。球茎为扁圆形，皮浅绿色，肉质白色，细嫩，水分较多，味稍甜；适于生食、熟食及腌渍加工。单株球茎重700克左右。

抗癌的"东方小人参"

胡萝卜性味甘平,适合各种体质的人食用。含有极丰富的胡萝卜素,还富含维生素 B_1、维生素 B_2、钙、铁、磷等维生素和矿物质。由于胡萝卜中的维生素 B_2 和叶酸有抗癌作用,经常食用可以增强人体的抗癌能力,所以被称为"东方小人参"。

胡萝卜

学名：Daucus carota
分类：伞形科胡萝卜属
原产地：中国

表皮光滑,呈橘红色,颜色艳丽。

味: 口感生脆,甘甜外带中药味。

營 营养与功效

胡萝卜素转变成维生素A,能预防上皮细胞癌变。另外胡萝卜含有植物纤维,吸水性强,在肠道中体积容易膨胀,是肠道中的"充盈物质"。

选 选购妙招

选购胡萝卜的时候,以形状规整,表面光滑,心柱细,且表皮未开裂的为佳。色泽鲜嫩,表皮、肉质和心柱均呈橘红色的,颜色深的比颜色浅的好。

储 储存方法

胡萝卜在存放前不要用水冲洗,只需将胡萝卜的"头部"切掉,然后放入冰箱冷藏即可。这样保存胡萝卜是为了使胡萝卜的"头部"不吸收胡萝卜本身的水分,延长保存时间。

盛产期：秋、冬季

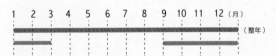

国产·输入

烹 烹饪技巧

烹饪胡萝卜时不宜加太多醋，以免胡萝卜素流失。胡萝卜整根烹饪比切过后再烹饪能保留更多抗癌成分，更有助于防癌，而且更加美味。

食用宜忌

胡萝卜烹饪时，最好用油炒一下，更利于营养吸收。

食 推荐食谱

胡萝卜牛奶

原料：

胡萝卜 1 根，牛奶 200 毫升，凉水适量。

做法：

❶ 胡萝卜去皮，切小块；

❷ 将煮熟后的胡萝卜块和牛奶放入搅拌机；

❸ 搅拌 3 分钟，胡萝卜和牛奶完全融入在一起即可饮用。

胡萝卜品种

TOP ❶ 日本杂交胡萝卜

长势旺盛，根长 22～28 厘米，根部收尾好，色泽鲜艳、抗病、抗寒、易栽培；鲜食、加工均可，生育期 85～95 天左右，适于春秋栽培。

TOP ❷ 法国阿雅

早熟品种，心部颜色佳。改良黑田五寸系列，大型高产品种。长 19～20 厘米，肩宽 5.5～6 厘米；根形好，收尾渐细，根皮橘红色。

TOP ❸ 超级红芯

晚春与夏秋播种的黑田类一代杂种。皮、肉、心浓鲜红色，心细，肉质根圆柱形且根形整齐，尾部圆。表皮光滑，有光泽，着色快，口感好，品质优良。长 20～22 厘米，重 300～400 克。

TOP ❹ 汉城六寸

皮及心部呈鲜红色，肉身为长圆筒形，长 18～23 厘米，重 250 克左右，根径 4～4.6 厘米；抗病性强，高产品种。

辛辣味浓的"菜中皇后"

　　洋葱在中国分布广泛，南北各地均有栽培，是中国主栽蔬菜之一。生食味浓辛辣，熟食气香而味重，久食口气重，不宜多食；但能促进食欲、增加芳香、除臭。含有前列腺素 A，能降低外周血管阻力，降低血黏度，可用于降低血压、提神醒脑、缓解压力及预防感冒。

果实饱满，表面光滑，表皮干燥。

味：气香而味重，辛辣甘甜。

学名：Allium cepa
分类：百合科葱属
原产地：中亚或西亚

洋葱

营 营养与功效

　　洋葱具有发散风寒的作用，是因为洋葱的鳞茎和叶子含有一种称为硫化丙烯的油脂性挥发物。洋葱营养丰富，且气味辛辣；能刺激胃肠及消化腺分泌，增进食欲，促进消化；且洋葱不含脂肪，其精油中含有可降低胆固醇的含硫化合物的混合物。

盛产期：5月底至6月上旬

| 1 | 2 | 3 | 4 | 5 | 6 | 7 | 8 | 9 | 10 | 11 | 12 | （月） |

（整年）

国产·输入

国产

选 选购妙招

　　洋葱表皮越干、越光滑越好。洋葱球体完整、球型漂亮，表示洋葱发育较好。还要看洋葱有无物理伤害，有无挤压变形，如果损伤明显，则不易保存，容易坏掉。最好可以看到透明表皮中带有茶色的纹理，看看洋葱表面黑色的部分是泥土还是发霉。

储 储存方法

　　洋葱一旦切开，即使是包裹了保鲜膜放入冰箱中储存，因氧化作用，其养分也会迅速流失。因此，洋葱最好吃多少切多少，尽量避免切开后储存。

食用宜忌

　　洋葱一次不宜食用过多，容易引起目糊和发热。凡有皮肤瘙痒性疾病、患有眼疾以及胃病、肺胃发炎者少吃为宜。

烹 烹饪技巧

　　洋葱容易炒得软绵绵的，且炒久了色泽灰暗，不好看。将切好的洋葱蘸点干面粉，炒熟后会色泽金黄，质地脆嫩，味美可口。不宜加热过久，以带有些微辣味为佳。

食 推荐食谱

洋葱牛排

原料：
牛排 2 块，洋葱 1 个，黑胡椒酱、食用油各适量。

做法：
❶ 将冷冻牛排解冻，两面撒少许盐，用刀背轻拍几下，洒黑胡椒、油，腌制 10 分钟；
❷ 洋葱切成丝，备用；
❸ 平底锅烧热，放入油，把牛排放入，煎至九分熟；
❹ 炒锅烧热，放少许油，开中火，放入洋葱丝炒至变色，把牛排和洋葱放入盘中，加入黑胡椒酱，即可出锅。

TOP ❶ 白皮洋葱

葱头白色，鳞片肉质，形状多为扁圆球形，高圆形和纺锤形。

TOP ❷ 黄皮洋葱

葱头黄铜色至淡黄色，鳞片肉质，微黄、柔软，组织细密，辣味较浓，呈扁球形。

TOP ❸ 上海红皮洋葱

葱头外表紫红色，鳞片肉质稍带红色，扁球形或圆球形。

TOP ❹ 北京紫皮洋葱

北京紫皮洋葱是地方品种，植株高60厘米以上，展开度约45厘米。含水分较多，品质中等，中晚熟，生理休眠期短，易发芽，耐贮性较差。

TOP ❺ 捷球洋葱

极早生品种，在温暖地区4月上旬至中旬可收。呈球形，球重约300克；株形直立，生长旺盛，叶细小。

TOP ❻ 美国白皮洋葱

鳞茎近圆球形，果大，外皮白色；品质好，产量高，较耐储存，储藏期为2~3个月。

TOP ❼ 大宝洋葱

从日本引进的中生品种。鳞茎圆球形，外皮铜黄色，抗病、耐储藏，品质好、适应性强，不易抽薹和分球，是出口最佳品种。

TOP ❽ 日本黄冠洋葱

植株生长势强，叶色浓绿，抗病力强，短日照；鳞茎高球形，外皮橙黄色，光泽亮丽。球重280克左右，耐储运。

芋头

可作观赏植物的碱性美食

芋头为碱性食品，能中和体内积存的酸性物质，调整人体的酸碱平衡，起到美容养颜、乌发的作用。可防治胃酸过多症，并含有丰富的碳水化合物和食物纤维。常吃芋头可以健胃整肠、消除腹泻。

表面粗糙，有须根，果实结实。

味：味香甜，口感细软，绵甜香糯，麻口顺滑。

营 营养与功效

芋头含有丰富的黏液皂素及多种微量元素，可帮助机体纠正微量元素缺乏导致的生理异常，同时能增进食欲，帮助消化。

盛产期：9-10月份

1	2	3	4	5	6	7	8	9	10	11	12	(月)

（整年）

国产·输入

国产

选 选购妙招

购买芋头时应挑选个头端正，表皮没有斑点、干枯、收缩、硬化及霉变腐烂的。同样大小的芋头，两手掂量下，较轻的芋头肉质粉嫩；而对"太重"的芋头则要提高警惕，芋头特别重很可能是生水所致，生了水的芋头肉质不粉，口感不好。可以用手轻捏，硬点的比较好，软的说明快坏了。

储 储存方法

将芋头放置于干燥阴凉通风处。在购买之后尽快食用，因为芋头容易变软。需要注意的是，芋头不耐低温，故鲜芋头不能放入冰箱。应存放于室内较温暖处，防止因冻伤而导致腐烂。

食用宜忌

过敏性体质、胃肠较敏感的人应少食；糖尿病患者应慎食；食滞胃痛、肠胃湿热的人忌食；生芋有小毒，食时必须使其熟透。

烹 烹饪技巧

将带皮的芋头装进小塑料袋里，用手抓住袋口，将袋子在坚硬的地上摔几下，再把芋头倒出，可将芋头脱皮。

食 推荐食谱

芋头玉米泥

原料：
香芋 150 克，鲜玉米粒 100 克，配方奶粉 15 克，白糖 4 克。

做法：
❶ 将香芋切成片，和玉米放入蒸锅中，用中火蒸至食材熟透，把熟香芋倒在砧板上，用刀压成末；
❷ 把玉米粒倒入榨汁机中，加入奶粉，将玉米粒搅打成泥状，汤锅中注入清水，倒入玉米泥，加入白糖；
❸ 搅拌片刻，调成中火，煮沸，倒入香芋泥；
❹ 持续搅拌 1 分钟，煮成芋头玉米泥，倒入碗中即可食用。

芋头品种

TOP ❶ 红芋

子芋肥大，皮厚，呈褐色，肉白色，芽鲜红色，单株产量850~1000克。含淀粉较多，品质优。鲜芋可食用，也可干制。

TOP ❷ 白芋头

发芽为白色，叶柄为绿色，其他形态基本同红芋。

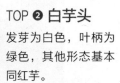

TOP ❸ 槟榔芋头

槟榔心芋有水芋和旱芋两种，水田种植通常较为细长，而旱田栽培通常较圆。肉白色，有紫红色纹路，肉质细致且粉质高，香气浓郁。

TOP ❹ 东乡棕包芋

产自江西临川、东乡等地，叶柄乌绿色，芋芽淡红色，芋肉白色。母芋近圆形，单株子芋7~10个，长卵圆形，晚熟。质地柔软，略具香味。

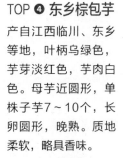

TOP ❺ 狗蹄芋

属子芋型的小芋头，有圆锥形、短球形、长球形或棒形等，肉质细致且多为黏质，香气浓。

TOP ❻ 莱阳芋头

因莱阳气候温和，光照充足，土壤以棕壤、褐土类居多，特别适合芋头生长，加上五龙河流域，土壤中有大量腐殖质，因此莱阳芋头皮薄，淀粉多，糖分足。近年来，莱阳芋头远销国外，为外商所重视。

TOP ❼ 福鼎芋

福鼎芋又名山前芋，属于南星科魁芋类，是中国名牌出口土特产之一，也是有名的特色小吃。

TOP ❽ 荔浦芋头

荔浦芋肉质细腻，具有特殊的风味。个头大，芋肉白色，质松软者品质为上等。剖开芋头可见芋肉布满细小红筋，类似槟榔的花纹。

生吃更爽口的"补脾灵根"

莲藕微甜而脆，可生食或熟食，且味道甘甜爽口，营养价值相当高。它的根叶、花须果实无不为宝，都可滋补入药。用莲藕制成粉，能消食止泻、开胃清热、滋补养性、预防内出血，是妇幼、体弱多病者上好的流质食品和滋补佳珍。

莲藕

学名：Nymphaeaceae
分类：睡莲科
原产地：印度

切口新鲜，表面光滑呈淡红色。

味：刚挖出的莲藕有泥土特有的腥味，洗干净之后气味变淡。

营 营养与功效

莲藕的热量和土豆相当，碳水化合物和脂肪的含量比较低，蛋白质的含量较土豆稍高。莲藕中含有维生素和微量元素，尤其是维生素 K、维生素 C、铁和钾的含量较高。莲藕性寒，有清热凉血的作用，可用来辅助治疗热性病症。

盛产期：秋季

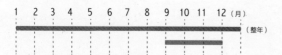

1　2　3　4　5　6　7　8　9　10　11　12 (月)

(整年)

国产・输入

国产

选 选购妙招

　　藕节之间的间距越大，则代表莲藕的成熟度越高，口感更好。在挑选时可以挑选较粗短，两头均匀的藕节。莲藕的外皮应该呈黄褐色，肉肥厚而白。如果莲藕外皮发黑、有异味，则不宜食用。如果是切开的莲藕，可以看看莲藕中间的通气孔，应购买通气孔较大的莲藕。

储 储存方法

　　莲藕容易变黑，没切过的莲藕可在室温中放置1周的时间。切面处孔的部分容易腐烂，所以切过的莲藕要在切口处覆以保鲜膜冷藏保鲜，可保存1周左右。

烹 烹饪技巧

　　① 藕可生食、烹食、捣汁饮，或晒干磨粉煮粥。熟食适用于炒、炖、炸及作菜肴的配料。
　　② 煮藕时忌用铁器，以免引起食物发黑。

食用宜忌

　　脾虚胃寒者、易腹泻者不宜食用生藕。生藕性偏凉，生吃凉拌较难消化，不利于脾胃消化，所以宜食用熟藕。发黑、有异味的藕不宜食用。

食 推荐食谱

莲藕章鱼花生鸡爪汤

原料：

章鱼干80克，鸡爪250克，莲藕200克，水发眉豆100克，排骨块150克，花生50克，盐2克。

做法：

❶ 莲藕、章鱼干切块，将煮好的排骨捞出，装入盘中待用；

❷ 将鸡爪倒入锅中，余煮片刻，装入盘中备用；

❸ 砂锅注入清水，倒入鸡爪、莲藕、章鱼干、排骨、眉豆、花生，搅拌均匀；

❹ 加盖，大火煮开转小火煮30分钟至食材熟透，加入盐，搅拌至入味。

莲藕品种

TOP ❶ 江苏小暗红

藕身较短，藕长60～70厘米，粗4～5厘米，一般3～4节。藕皮黄白色，肉米白色。单藕重1千克左右。淀粉含量高，宜熟食。

TOP ❷ 重庆反背肘

花粉红色，叶较大，藕较粗，皮黄白色。适应性强，不择土，不耗肥。

TOP ❸ 杭州白花藕

花白色，藕节粗短，横断面稍带扁圆形，皮带褐色。肉厚，质脆，孔大，水分多，宜生食。

TOP ❹ 广州丝苗莲藕

母藕长130厘米，5～6节，节细长，孔道较细，节间长20厘米。淀粉多，适于制干藕和藕粉，品质优良，产量高。适于深水层的田地。

TOP ❺ 南斯拉夫雪莲藕

南斯拉夫雪莲藕是从南斯拉夫引进的品种，经过改良而成，藕身洁白、粗壮肥大。主藕4～6节，长15～20厘米。生食清脆，淀粉含量高，味甜，入口无渣，口感独特。

TOP ❻ 苏州花藕

藕身粗短圆整，皮色黄白，品质佳，脆嫩甜美，宜生食。开花极少或无花。

TOP ❼ 湖南泡子

藕皮稍带红色，亲藕5～6节，单重3～4千克，子藕发育好，一般3～4支，重1～1.5千克，生食、熟食均可。本品种入土较深，喜生于硬地之上。

红薯

学名：Ipomoea batatas

分类：旋花科番薯属

原产地：墨西哥以及从哥伦比亚

营养均衡的"长寿谷粮"

红薯富含蛋白质、淀粉、果胶、纤维素、氨基酸、维生素及多种矿物质，有"长寿食品"之誉，含糖量达到15%-20%。红薯有抗癌、保护心脏、预防肺气肿、糖尿病、减肥等功效。红薯经过蒸煮后，纤维质地细腻，可维护肠胃机能，有效刺激肠道，促进消化道蠕动，可改善习惯性便秘。

表面较光滑，呈橘黄色，颜色鲜明光泽。

味：味甘甜，美味可口。

营 营养与功效

红薯含有膳食纤维、胡萝卜素、维生素A、维生素B、维生素C、维生素E以及钾、铁、铜、硒、钙等10余种微量元素，有助于预防心血管疾病。

选 选购妙招

选购红薯时，应挑选纺锤形状者为最佳，并且要看表面是否光滑。表皮呈褐色或有黑色斑点的红薯，是受到了黑斑病菌的污染。

储 储存方法

红薯买回来后，可放于太阳下晒一天，保持干爽，然后放置于阴凉通风处。可以将红薯用报纸包起来，放在冰箱保鲜室中，这样红薯保存时间会更长，而且不会发芽。

盛产期：10～11月

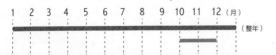

国产·输入

烹 烹饪技巧

吃红薯时应当搭配其他的谷类食物，由于红薯蛋白质含量较低，单吃会导致营养摄入不均衡。所以，传统的将红薯切成块，和大米一起熬成粥是比较科学的吃法。

食用宜忌

过量食用红薯会导致腹胀、呃逆。吃红薯时最好搭配咸菜，可有效抑制胃酸。

食 推荐食谱

胡萝卜红薯牛奶

原料：

胡萝卜 70 克，红薯 1 个，核桃仁 1 克，蜂蜜 1 勺，炒芝麻 1 勺，牛奶 300 毫升。

做法：

❶ 将胡萝卜洗净，去皮切块，红薯洗净，去皮切小块，均入沸水氽煮；

❷ 将所有材料放入榨汁机，加入牛奶一起搅打成汁即可食用。

红薯品种

TOP ❶ 花心王

花心王是从日本引进的独具特色的保健型红薯新品种。薯形纺锤状，薯肉紫红与白相间，切开后呈曲线形花纹，美观漂亮。生食脆甜，熟食清香甜软，纤维少，含有多种保健元素。

TOP ❷ 西农431

该品种蔓长 1~1.5 米，基部分枝多，蔓、叶、叶脉、叶柄全是浅绿色，薯皮橙黄、肉橘红、薯干鲜红。香味浓甜面沙，是烤红薯、饴糖等保健食品的好原料。

TOP ❸ 美国特短蔓黑薯

该薯纺锤形，薯皮紫红近黑色，肉紫黑鲜艳，比"日本川山紫"颜色更深。熟后成黑色，香甜面沙，食味极佳，营养成分比其他红薯高一倍，含硒量高，属抗癌食品。

TOP ❹ 日本川山紫黑红薯

该品种薯块纺锤形，整齐均匀，平均单株结薯3~5个，单薯重一般在200~800克，耐贮藏，易保鲜。

土豆

学名：Solanum tuberosum
分类：茄科茄属
原产地：南美洲安第斯山区

粮菜兼用的"地下苹果"

土豆主要生产国有中国、俄罗斯、印度、乌克兰、美国等。中国是世界土豆总产量最多的国家。土豆不仅是主食的一种，还可以作蔬菜食用。长期使用可以增强体质，改善身体的健康状况，还能够美容养颜，所以在德国被称为"地下苹果"。

深黄色，表皮干燥，
肉质偏粉。

味：肉质紧密，含有
水分，口感清爽。

营 营养与功效

土豆块茎水分多、脂肪少，单位体积的热量相当低，所含的维生素 C 是苹果的 10 倍，B 族维生素是苹果的 4 倍，各种矿物质是苹果的几倍至几十倍不等，土豆亦有良好的降血压作用。

盛产期：6 月

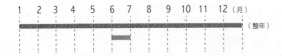

国产·输入

选 选购妙招

　　土豆的外形以肥大而匀称的为好，以圆形的为最好。土豆表皮深黄色，皮面干燥，芽眼较浅，无物理损伤，不带毛根，无病虫害，无发芽、变绿和蔫萎现象的为好。土豆分黄肉、白肉两种，黄的较粉，白的较甜。土豆皮有绿色则代表有发芽的迹象，不宜选购。

储 储存方法

　　应把土豆放在背阴的低温处，切忌放在塑料袋里室温保存，否则塑料袋会捂出热气，让土豆发芽。

　　将土豆不洗直接装在保鲜袋中，放进冰箱冷藏室保存，可以保存1周左右。

食用宜忌

　　已经长芽的土豆禁止食用，会引起急性中毒。另外吃土豆一定要去皮，土豆皮中含有生物碱，大量食用会引发恶心，腹泻等现象。

烹 烹饪技巧

　　准备一张锡纸，将锡纸亮面朝外，揉成一团，用锡纸团将土豆表皮揉搓一遍，将揉搓过的小土豆放入清水盆中，土豆皮便悉数漂浮起来。

食 推荐食谱

鲜虾土豆泥沙拉

原料：
鲜虾肉500克，土豆2个，沙拉酱半碗，青瓜半条，菠萝1个，苹果1个，盐少许。

做法：
❶ 先把新鲜的虾清蒸熟，留虾仁；
❷ 把土豆切粒蒸熟，之后加少许盐搅匀；
❸ 切好青瓜、菠萝、苹果；
❹ 将土豆、苹果、虾仁再加入沙拉酱，全部搅拌均匀，之后放入青瓜、菠萝搅拌均匀即可食用。

TOP ❶ 红皮土豆

呈椭圆形，红皮黄肉，表皮较粗糙，芽眼浅。适合水煮和做沙拉。一般红皮都是连皮一起吃，口感比黄皮的土豆要好。

TOP ❷ 紫花白土豆

紫花白是一个品种，由黑龙江省农科院马铃薯研究所于1963年选育而成。

TOP ❸ 费乌瑞它土豆

又名鲁引1号、津引8号、荷兰薯等，分鲜食和出口品种。块茎长椭圆形，大而整齐，芽眼浅，表皮光滑，淡黄皮，薯肉鲜黄色，肉质脆嫩爽口，是烹炒上品。

TOP ❹ 大西洋土豆

大西洋马铃薯食用品质优良，适合油炸薯片。1978年由农业部和中国农科院引入中国，2000年引入山西省，出苗到成熟约90天。块茎休眠期中等，耐贮藏。

TOP ❺ 底西芮土豆

椭圆形，薯皮红色，薯肉浅黄色，抗马铃薯病毒病，由农业部从荷兰引入。

TOP ❻ 紫花白新大坪土豆

块茎椭圆形，块大而整齐，薯皮光滑，白皮白肉，芽眼中等深度。主要分布于黑龙江、吉林、辽宁、内蒙古、山西等省，是我国目前种植面积较大的品种之一。

TOP ❼ 夏波地土豆

块茎较大，长形，一般在10厘米以上，大的超过20厘米。白皮白肉，表皮光滑，芽眼浅。

TOP ❽ 隆薯6号土豆

中晚熟鲜食品种，株型半直立，茎绿色，叶深绿色，花冠乳白色，雄蕊黄色，无天然结实。块茎扁圆形，淡黄皮白肉，芽眼较浅，休眠期中长，耐贮藏。

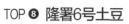

爽脆可口的"地下雪梨"

荸荠也叫马蹄，原产于印度，广布于全世界。荸荠皮色紫黑，肉质洁白，味甜多汁，清脆可口；既可做水果生吃，又可做蔬菜食用。球茎富含淀粉，供生食、熟食或提取淀粉，味甘美；也供药用，可开胃解毒、消宿食、健肠胃，所以被称为"地下雪梨"。

荸荠

学名：Eleocharis dulcis
分类：荸荠属
原产地：印度

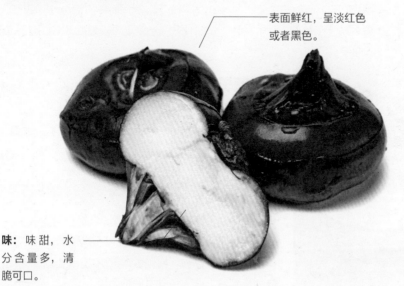

表面鲜红，呈淡红色或者黑色。

味：味甜，水分含量多，清脆可口。

营 营养与功效

英国有关专家在对荸荠的研究中发现一种"荸荠英"，这种物质对黄金色葡萄球菌、大肠杆菌、产气杆菌及绿脓杆菌均有一定的抑制作用。

选 选购妙招

在挑选荸荠时，应选形状完整、坚实，表皮无斑痕的，最好外皮还带泥土。如果表皮颜色很鲜嫩，或者是不正常的鲜红色，并且分布也不均匀，可能是经过染色处理的，不宜购买。

储 储存方法

荸荠相当容易腐坏，最好不去皮保存。新鲜荸荠可以被水覆盖后放在容器里存放在冰箱，即可以保存2个星期。

盛产期：秋季

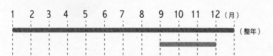

| 1 | 2 | 3 | 4 | 5 | 6 | 7 | 8 | 9 | 10 | 11 | 12 (月) |

(整年)

国产·输入

国产

烹 烹饪技巧

荸荠的表皮极易带有细菌，烹调前必须洗净，去皮，最好用水焯一下。

食用宜忌

荸荠不宜生吃，因为荸荠生长在泥中，外皮和内部都有可能附着较多的细菌和寄生虫。

食 推荐食谱

银耳莲子荸荠羹

原料：

银耳 100 克，荸荠 80 克，水发莲子 100 克，冰糖 40 克，枸杞 15 克。

做法：

❶ 荸荠去皮切碎，银耳泡发，莲子去心；

❷ 砂锅中注入清水烧开，倒入荸荠、莲子、银耳，拌匀；

❸ 加盖，大火煮开转小火煮 1 小时至熟；

❹ 揭盖，加入冰糖、枸杞，续煮 10 分钟至冰糖溶化；

❺ 关火后盛出装入汤碗中即可食用。

荸荠品种

TOP ❶ 余杭荸荠

浙江省杭州市余杭区地方品种，球茎扁圆形，顶芽粗直，脐平，皮棕红色，皮薄，味甜，单个重20克左右。适于加工制罐头和鲜食，亩产1000~1200千克。

TOP ❷ 菲律宾大马蹄

菲律宾大马蹄生长旺盛，抗病力强，适应性广，结实分布均匀。个大，糖分多，肉嫩，产量高。

TOP ❸ 广州马水蹄

富含淀粉，球茎顶芽尖，脐平，肉质粗，适于熟食或加工淀粉。一般为早熟或中熟，生育期较短。

TOP ❹ 桂林马蹄

桂林马蹄颗粒大，皮薄肉厚，色鲜味甜，清脆渣少，较大的每个重35克左右。早已驰名中外，是桂林传统出口产品，远销港澳地区和东南亚各国。

延年益寿的"山中之药"

　　山药又名淮山，易栽培，最适宜在黄沙土生长，中国已有几百年的栽培山药历史。山药营养丰富，药用价值极高，富含膳食纤维，黏性强；对于胃肠虚弱的体质，可帮助消化吸收、提振食欲。且具有滋养肌肉及补益筋骨的功效，适合生食或烹煮成各式精美的菜肴。

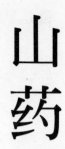

学名：Dioscorea opposita
分类：薯蓣科薯蓣属
原产地：中国

表面粗糙，有须根。

味: 微甜，软糯可口。

营 营养与功效

　　山药所含的热量和碳水化合物只有同一重量红薯的一半左右，不含脂肪，但含有淀粉酶、多酚氧化酶等物质，有利于脾胃的消化、吸收，是一味平补脾胃的药食两用之品。

盛产期: 冬季至次年春季

| 1 | 2 | 3 | 4 | 5 | 6 | 7 | 8 | 9 | 10 | 11 | 12 | (月) |

（整年）

国产·输入

国产

选 选购妙招

同一品种的山药，须毛越多的越好，因为须毛越多的山药口感越好；含山药多糖越多，营养更丰富。山药的横切面肉质应呈雪白色，这说明是新鲜的，若呈黄色似铁锈的切勿购买。表面有异常斑点的山药绝对不能买，因为这可能已经感染过病害。大小相同的山药，较重的更好。表面凹凸不明显，没有裂痕，须根少，且有重量者为佳。

储 储存方法

短时间保存则只需用纸包好放入阴凉通风处即可。如果购买的是切开的山药，则要避免接触空气，用塑料袋包好放入冰箱里冷藏为宜。剥皮后的山药非常滑手，在手上涂些醋或盐会好处理。

烹 烹饪技巧

山药切片后需立即浸泡在盐水中，以防止氧化发黑。新鲜山药切开时会有黏液，极易滑刀伤手，可以先用清水加少许醋清洗，这可减少黏液。

食用宜忌

山药皮中所含的皂角素或黏液里含的植物碱，少数人接触会引起山药过敏而发痒，处理山药时应避免直接接触。

食 推荐食谱

蜜汁山药

原料：

山药 300 克，桂花酱 2 勺，冰糖 20 克。

做法：

❶ 山药去皮切片后放入清水；

❷ 锅中加适量清水，入山药煮 2 分钟；

❸ 捞出煮好的山药，装盘；

❹ 锅中加半碗水，放入冰糖加热融化，翻炒至起泡关火，熬成拔丝淋在山药片上；

❺ 将桂花酱淋在山药上即可食用。

TOP ❶ 山薯

多年生草本植物，茎蔓生，常带紫色，块根呈圆柱形，叶子对生，卵形或椭圆形，花乳白色，雌雄异株。块根含淀粉和蛋白质。

TOP ❷ 参薯

块茎变异大，有长圆柱形、圆锥形、球形、扁圆形而重叠，或有各种分枝。圆锥形或球形的块茎通常外皮为褐色或紫黑色，断面白色带紫色。花期11月至次年1月，果期12月至次年1月。

TOP ❸ 铁棍山药

铁棍山药通常直径2～2.5厘米，表皮颜色略深，根茎有铁红色斑痕，单支重量一般不超过250克。肉质较硬，粉性足，其断面细腻，呈白色或略显牙黄色，黏液少。

TOP ❹ 野山药

生于山坡林边、灌木林下及沟边。根茎呈圆柱形、稍弯曲，有指状分枝，长短不一，直径0.3～1.5厘米。表面棕色或黄色，两侧有散生须状细根或细根断痕。

TOP ❺ 日本薯蓣

块茎呈圆柱形，垂直生长，直径3厘米左右，表面棕黄色，断面白色。茎细长，光滑无毛。分布在台湾岛、日本、朝鲜以及中国大陆的安徽、江苏、湖南、广西、四川、浙江、湖北、贵州、江西、福建、广东等地。

TOP ❻ 嘉祥细长毛山药

山东省嘉祥县特产。栽培历史悠久，在山东省分布广泛。主根细长，肉质细面，味香甜适口，品质佳，适于加工干制。为目前大量发展的出口干制品种。

TOP ❼ 菜山药

较粗，表皮无"锈斑"，用手一掐可看出水分较多，易折断。皮较薄，刷子一刷就掉，手感滑腻。切面易氧化，掂起来重量比较轻，煮的时间长易烂。

TOP ❽ 华州山药

陕西华州县特产。华州山药粗长、皮薄、质细、味浓。主要做药用，是我国重要的中药成分之一。近年来开始销往国外。

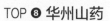

芦笋

学名：Asparagus officinalis

分类：天门冬属

原产地：地中海东岸及小亚细亚

拥有丰富硒元素的"抗癌之王"

芦笋原产于欧洲大部分地区，以及北非和西亚，是被广泛种植的蔬菜作物。含有非常丰富的硒元素，其中还有丰富的叶酸，可以帮助孕妇摄取营养；多吃芦笋也能得到天然来源的维生素 E、适量的钙与镁，并预防心脏病、防癌抗老、预防心血管疾病，可算是最天然的抗氧化剂。

形状直挺，颜色鲜亮，果肉细嫩。

味：新鲜可口，味甘而甜。

营 营养与功效

芦笋中含有适量的维生素 B_1、维生素 B_2、维生素 B_3，绿色的主茎比白色的含有更多的维生素 A。芦笋能清热利尿，易上火及患有高血压的人群多食好处极多。

选 选购妙招

一般白芦笋以整体色泽乳白为最佳，绿芦笋的色泽以油亮为佳。新鲜的芦笋有蔬菜的清香味，而受伤的则有腐臭味。

储 储存方法

新鲜芦笋的鲜度易降低，使组织变硬且失去大量营养素；应该趁鲜食用，不宜久藏。储存时以报纸卷包芦笋，置于冰箱冷藏室，可维持两三天。

盛产期：4～5月份

1	2	3	4	5	6	7	8	9	10	11	12 (月)

（整年）

国产·输入

国产

烹 烹饪技巧

芦笋虽好，但不宜生吃，也不宜存放一周以上才吃，应低温避光保存。芦笋中的叶酸很容易被破坏，所以若用来补充叶酸，应避免高温烹煮，最佳的食用方法是用微波炉小功率热熟即可。

食用宜忌

痛风和糖尿病人不宜食用。

食 推荐食谱

芦笋牛肉卷

原料：

牛肉 250 克，芦笋 200 克，生粉 7 克，盐 1 克，黑胡椒 1 克，白砂糖 45 克，生抽 15 毫升，食用油 50 毫升。

做法：

❶ 芦笋切段备用；牛肉切片，加入盐、白糖、生粉、黑胡椒、生抽、食用油拌匀，腌渍 20 分钟至入味；

❷ 锅中注入清水，大火烧热，倒入芦笋煮至断生；

❸ 平底锅注油，牛肉片煎至熟，逐一将芦笋段卷起即可。

芦笋品种

TOP ❶ 格兰德芦笋

植株生长旺盛，平均茎高22米。白笋种植色泽洁白，绿笋种植整体色泽浓绿。笋条直，粗细均匀，质地细嫩，包头紧密，不散头，无空心，无畸形。

TOP ❷ 冠军芦笋

白笋种植色泽洁白，绿笋种植整体的色泽浓绿。

TOP ❸ 紫芦笋

紫芦笋，即美国水果型甜紫芦笋，是一种非常名贵的蔬菜，它是唯一一种能生吃的芦笋类蔬菜。首选的防癌、抗癌食品，畅销于美、英、法、意大利等欧洲国家及日本、东南亚地区。

TOP ❹ 芦笋王子

芦笋王子是由山东省潍坊市农业科学院于1996年选育而成的一个中熟品种。

姜

学名：Zingiber officinale Rosc.
分类：姜属
原产地：印度尼西亚，中国中部和南部

驱寒暖胃的烹饪辅料

姜不仅可以作为烹饪食材，根茎还可供药用。其鲜品或干品可作烹调配料或制成酱菜、糖姜。茎、叶、根茎均可提取芳香油，用于食品、饮料及化妆品香料中。姜黄可以改善食欲不振、消化不良的现象，并具有清热解毒的功效，是一种日常烹饪常用食材。

带有土腥味，表面粗糙。

味： 辛辣，味浓

营 营养与功效

生姜的提取物能刺激胃黏膜，促进血液循环，增强胃功能，起到健胃、止痛、发汗、解热的作用。

盛产期：10 ~ 12 月份

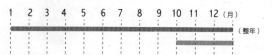

| 1 | 2 | 3 | 4 | 5 | 6 | 7 | 8 | 9 | 10 | 11 | 12 | (月) |
（整年）

国产·输入

国产

选 选购妙招

挑姜时，需要注意勿挑外表太过干净的，挑表面平整的且肉质坚挺、不酥软、姜芽鲜嫩的为佳。最后，还可用鼻子闻一下，若有很重的硫黄味，千万不要买。

储 储存方法

生姜买回来后，用纸包好，放在阴凉通风处，可保存较长时间。需要注意的是，包的纸最好不要选择报纸，容易在生姜表面遗留重金属铅，对人体有害。此外，还有两种方法可较好地保存生姜：一是在潮而不湿的细砂土或黄土中保存，二是将其洗净擦干后埋入盛食盐的罐内，这样可使生姜较长时间不干，保持浓郁的姜香。

食用宜忌

阴虚内热及邪热亢盛者忌食，腐烂的生姜产生毒素会致癌。

烹 烹饪技巧

在炖、焖、煨、烧、煮等烹调方式中，姜作为调味品，具有去腥膻气味的作用。一般选用加工成块或片状的老姜主要是取其味，菜烧好后拣去。

食 推荐食谱

冬瓜姜蜜汁

原料：
去皮冬瓜 150 克，去皮生姜 50 克，蜂蜜 20 克。

做法：
❶ 冬瓜去瓤，切片，生姜切粒，待用；
❷ 榨汁机中倒入冬瓜片，加入生姜粒，注入 80 毫升凉开水；
❸ 盖上盖，榨约 25 秒成冬瓜姜汁；
❹ 揭开盖，将冬瓜姜汁倒入杯中，淋上蜂蜜即可。

TOP ❶ 玉林圆肉姜

以玉林地区栽培较多。根茎皮呈淡黄色，肉为黄白色，芽紫红色，肉质细嫩，辛香味浓，辣味较淡，品质佳。单株重一般500～800克，最重可达2000克。

TOP ❷ 四川竹根茎

四川省地方品种，根茎为不规则掌状，嫩姜表皮鳞芽为紫红色，老姜表皮呈浅黄色，肉质脆嫩，纤维少。一般单株根茎重250～500克。

TOP ❸ 疏轮大肉姜

肉质根簇生，分枝疏，成单排，根茎肥大，嫩芽粉红色。肉黄白色，表皮淡黄色，味辣，纤维少，品质佳。

TOP ❹ 密轮细肉姜

肉质根茎簇生，分生力强，分枝较密，成双排列。肉质致密，纤维多，味较辣，品质佳。肉与表皮淡黄色，芽为紫红色。

TOP ❺ 红爪姜

红爪姜也叫青州竹根姜，是生姜的一种，作保健食品和调味品。

TOP ❻ 莱芜生姜

莱芜生姜又名黄姜，产量稍逊于山农一号生姜，品质不如青州竹根姜。最早的生姜种植历史记载，多数是在现在的"汶河两岸"，故有"汶水两岸飘姜香"的美传。

TOP ❼ 安徽铜陵白姜

安徽铜陵地方品种，姜块肥大，鲜姜呈乳白色至淡黄色，嫩芽粉红色，外形美观；纤维少，肉质细嫩；辛香味浓，辣味适中；品质优。单株根茎重300～500克。

肉质肥嫩的"江南三大名菜"

学名：Zizania latifolia (griseb.) Stapf

分类：菰属

原产地：中国及东南亚

茭白

世界上把茭白作为蔬菜栽培的，只有中国和越南。茭白在山东新泰白庄子被誉为"三好"之一（三好即茭白、春芽、野鸭蛋），自古流传至今。茭白热量很低，水分含量高，吃少许就有饱足感，是减肥者食品中的美味圣品。它能促进新陈代谢，在夏日食用可以消除口干舌燥，改善肠胃炙热、大小便不顺畅的现象。

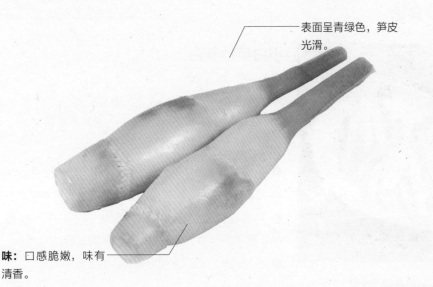

表面呈青绿色，笋皮光滑。

味：口感脆嫩，味有清香。

营 营养与功效

茭白含较多的碳水化合物、蛋白质、脂肪等，能补充人体的所需的营养物质，具有强身健体的作用。

选 选购妙招

选购茭白，以根部以上部分显著膨大、掀开叶鞘一侧即略露茭肉的为佳。皮上如露红色，是由于采摘时间过长而引起的变色，质地较老。

储 储存方法

保存茭白，可以用纸包住，再用保鲜膜包裹，放入冰箱保存。将挑选的不嫩不老、肉质洁白、坚实粗壮，去鞘带2～3片包叶的茭白，直接或装入蒲包里，放在清水池中浸泡。

盛产期：秋季

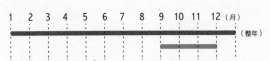

| 1 | 2 | 3 | 4 | 5 | 6 | 7 | 8 | 9 | 10 | 11 | 12 | (月) |

（整年）

国产·输入

国产

烹 烹饪技巧

茭白以春夏季的质量为最佳,营养与功效相对好一些。如发生茭白黑心,是品质粗老的表现,忌食。

食用宜忌

不适宜阳痿者、遗精者、脾虚胃寒者、肾脏疾病者、尿路结石者或尿中草酸盐类结晶较多者、腹泻者食用。

食 推荐食谱

小白菜炒茭白

原料:

小白菜120克,茭白85克,彩椒少许,盐3克,鸡粉 2克,料酒4毫升,水淀粉、食用油各适量。

做法:

❶ 小白菜放入盘中,撒盐,腌渍约2小时,待用;

❷ 将腌好的小白菜切长段,茭白切成粗丝,彩椒切粗丝;

❸ 用油起锅,倒入茭白、彩椒丝,加入盐、料酒炒匀,倒入小白菜,大火翻炒匀,加入鸡粉;

❹ 炒匀调味,再用水淀粉勾芡,装入盘中即可。

茭白品种

TOP ❶ 无锡茭白

起源于无锡,而且目前栽培面积较广的品种为夏秋兼用型,夏茭的收获期在5月下旬到7月中旬,亩产1200～1500千克;秋茭的收获期在9月下旬到10月中旬。

TOP ❷ 半大蚕茭

茭笋自3～4节而成,长17.5～24厘米,横茎约3厘米,重57克左右。表面色淡绿,肉纯白,品质佳。

TOP ❸ 红麻壳子

呈绿色,下部筋脉有淡红斑,故因此而得名。茭肉肥大,长30厘米,横径4.5厘米,棒槌形,中下部粗壮,黄白色,肉白色,单茭重15克,肥嫩,品质好。

TOP ❹ 苏州小蜡台

茭笋肉短而圆,节位突出成盘,形似蜡台,顶尖,两端细,中间粗而圆。肉质结实,味甜,纤维少,单茭重约30克。

抗菌护肝的"洗肠草"

韭菜适应性强，抗寒耐热，全国各地到处都有栽培。其叶、花葶和花均可作蔬菜食用，种子可入药，具有补肾、健胃、提神、抗菌、护肝、止汗固涩等功效，在中医里，有人把韭菜称为"洗肠草"。

韭菜

学名：A. tuberosum Rottl. ex Spreng.

分类：葱属

原产地：中国

表皮鲜绿，呈
明亮色泽。

味：水分含量较高，
口感清甜。

营 营养与功效

韭菜的含水量高达85%，热量较低，是铁、钾和维生素 A 的上等来源，也是维生素 C 的一般来源。同时韭菜中含有较多的粗纤维，能增进胃肠蠕动，辅助治疗便秘，预防肠癌。

选 选购妙招

叶直、鲜嫩翠绿的韭菜营养素含量较高。末端黄叶比较少，叶子颜色呈浅绿色，根部不失水，用手能掐动的韭菜比较新鲜；叶子颜色越深的韭菜越老。

储 储存方法

新鲜的韭菜洗净后切成段，沥干水分，装入塑料袋后，再放入冰箱，其鲜味可保存2个月。

盛产期：冬季至次年春季

| 1 | 2 | 3 | 4 | 5 | 6 | 7 | 8 | 9 | 10 | 11 | 12 | (月) |

（整年）

国产·输入

国产

烹 烹饪技巧

　　韭菜可炒食，荤素皆宜，还可以做馅，风味独特。由于韭菜遇空气以后，味道会加重，所以烹调前再切较好。

食用宜忌

　　韭菜易引起上火，阴虚火旺者不宜多食。消化胃肠虚弱的人不宜多食，否则胃灼热难受。

食 推荐食谱

韭菜猪肉煎饺

原料：

饺子皮10张，韭菜末300克，五花肉碎200克，香菇末50克，姜末适量，食用油适量，白糖8克，味精4克，盐4克，鸡粉3克，猪油、食用油各适量。

做法：

❶ 韭菜、香菇、姜切碎，五花肉剁碎，加入所有调料搅拌；

❷ 包好的饺子放在蒸锅，大火蒸5分钟至熟；

❸ 煎锅中倒入适量食用油烧热，放入蒸好的韭菜猪肉饺，煎至两面成金黄色即可。

韭菜品种

TOP ❶ 寿光马蔺韭

正寿光韭菜栽培历史悠久。马蔺韭植株高大直立，一般株高35～50厘米，生长势强。叶片绿色，宽厚，宽0.8～1.3厘米。茎粗，单株重5~6克。

TOP ❷ 791韭菜

该品种株高30厘米以上，株丛直立，生长速度快。叶鞘粗而长，叶绿色宽厚肥嫩，分蘖力强，抗病耐寒，耐热，不休眠，适应全国各地种植。

TOP ❸ 汉中冬韭

汉中冬韭栽培历史悠久，现在汉中地区各县市已普遍种植。

TOP ❹ 大金钩韭

大金钩韭是山东省诸城、高密等地的地方品种。叶质肥嫩，纤维少，香味浓甜。该品种分蘖力中等，耐寒力较强，成熟早，产量高，较抗灰霉病。

清香味鲜的"菜中珍品"

　　竹笋，在中国自古被当作"菜中珍品"。竹笋是中国传统佳肴，味香质脆，食用和栽培历史极为悠久。《诗经》中就有"加豆之实，笋菹鱼醢"、"其籁伊何，惟笋及蒲"等诗句，表明了人民食用竹笋有2500至3000年的历史，其味道甘甜味美，是家家常备的食材。

竹笋

学名：Bambusoideae
分类：竹属
原产地：中国

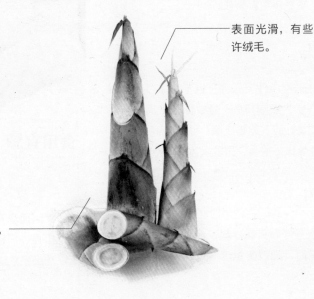

表面光滑，有些许绒毛。

味： 微甘甜，有涩感。

營 营养与功效

　　竹笋具有一定的营养价值，含有蛋白质、脂肪、糖、钙、磷、铁以及胡萝卜素、维生素B、维生素C等营养成分。且含有优质蛋白质、赖氨酸、色氨酸、苏氨酸、苯丙氨酸、谷氨酸及肤氨酸等人体必需的氨基酸。竹笋亦是低糖、低脂肪、多纤维食品。

盛产期：冬季至次年春季

| 1 | 2 | 3 | 4 | 5 | 6 | 7 | 8 | 9 | 10 | 11 | 12 |（月）|

（整年）

国产·输入

国产

选 选购妙招

竹笋节与节之间的距离要近，距离越近的笋越嫩。外壳色泽鲜黄或淡黄略带粉红，笋壳完整而饱满。笋尖苞叶紧密，笋壳金黄色，笋形略弯，表皮有光泽且湿度适当，最好稍带泥土。切口有水分不干燥，根部没有红色斑点，短肥粗重者为佳。

储 储存方法

竹笋适宜在低温条件下保存，但不宜保存过长时间，否则质地变老会影响口感，建议保存1周左右。竹笋可用保鲜袋装好放入冰箱冷藏，可保存4～5天；或是在切面上先涂抹一些盐，再放入冰箱中冷藏。

烹 烹饪技巧

竹笋用温水煮好后自然冷却，再用凉水冲洗，可去涩味。煮竹笋时，加放少量芝麻酱，不仅易软烂，而且芳香可口。

食用宜忌

竹笋含有难溶性草酸钙，因而患有严重胃溃疡、胃出血、肝硬化、慢性肠炎以及泌尿系结石者，应慎食。

食 推荐食谱

腌竹笋

原料：

竹笋500克，食盐、干辣椒、花椒、白酒、白醋、大料、香叶、泡椒、泡椒汁、味精各少许。

做法：

❶ 竹笋切细丝后放入盐水中浸泡；

❷ 笋丝放入盐水中大火煮2～3分钟后捞出，沥干水分，把干辣椒、花椒、大料及香叶适量加一起放入玻璃瓶；

❸ 竹笋丝倒入瓶中，加入泡椒及泡椒汁，加入白醋及白酒，加入冷开水，没过笋丝后，加入适量的盐，旋紧瓶盖后，浸泡一夜，第二天即可食用。

TOP ❶ 早竹笋

早竹为早熟高产品种，特别是经过覆盖增温的竹林，在每年的11～12月就开始出笋，连续产笋期长达数月（一般为11月至次年4月）。笋味佳，营养价值高，出肉率高，是竹笋中出肉率最高的竹种。

TOP ❷ 麻竹笋

外皮无绒毛，笋皮略粗糙，呈淡黄绿色，肉质纤维较粗，口感较粗，且略带苦味。

TOP ❸ 冬笋

"两头尖，中间弯，逢春烂成浆；上头细，下头粗，来春成新竹。"笋形弯曲、基部呈尖状或笋壳开裂老化的笋，不能转化为春笋，可以采挖；基部丰满，根系发达，竹壳叶嫩而紧裹笋肉的，能转化为春笋，不应该挖。

TOP ❹ 红哺鸡竹

红哺鸡竹，竿高6~12米，径粗4~7厘米，幼竿白粉，一、二年生的竿逐渐出现黄绿色纵条纹，老竿则无条纹。

TOP ❺ 绿竹笋

绿竹笋别名甜竹，原产于中国南部及东南亚。品种：观音山绿竹、三峡绿竹、屏东绿竹。

TOP ❻ 毛竹笋

毛竹别名楠竹、猫头竹、孟宗竹。毛竹笋可鲜食，也可加工为罐头笋与笋干产品。毛竹产笋数量多、产量较高。除了春笋，还可生产鞭笋、冬笋，是一种周年均衡产笋的理想品种。

TOP ❼ 角竹笋

角竹为高产迟熟品种，5月中旬至6月初出笋。此时，其他竹笋都已采收，市场竹笋脱销，笋价回升，栽培的经济效益较好。角竹产笋量高，是生产油焖笋、清汁笋（角竹笋罐头）的良好材料。

TOP ❽ 红壳竹笋

又名浙江淡竹，属禾本科竹亚科刚竹属，广泛分布于浙江、福建等地山坡河滩。竹笋营养丰富，味道鲜美，可直接煮食或加工成笋制品，是优良的笋材两用竹种。

蒜

学名：Alliumsativum

分类：葱属

原产地：古埃及、古罗马、古希腊等地中海沿岸

辛辣味淡的天然广谱抗生素

大蒜有浓烈的蒜辣气，味辛辣，有刺激性气味，可食用或供调味，亦可入药。蒜头含多量的维生素 C 和天然广谱抗生素，具有抗氧化、杀菌和保健的作用。蒜头的辛辣成分会刺鼻，但可保护胃壁、改善脾胃虚弱、增强免疫力。

表面圆胖，洁白坚硬。

味： 味道浓厚，辛香可口。

营 营养与功效

大蒜作为公认的"抗癌之王"，它的抗氧化作用甚至要优于人参，也可提高人体对抗辐射的能力。研究证实这类物质具有促进消化、提高机体免疫力、抑菌、杀菌、抗氧化，防肿瘤、抗血小板凝集等作用。大蒜更是被用于医药。蒜可以减少自由基的破坏，具有一定的防癌、抗癌功效。实验发现，癌症发生率最低的人群就是血液中含硒量最高的人群。美国国家癌症组织认为：全世界最具抗癌潜力的植物中，位居榜首的是大蒜。

盛产期：冬季

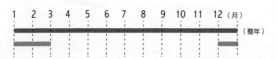

国产·输入

选 选购妙招

　　选购时，应购外观圆滚，表皮没有破损的大蒜。轻轻用手指挤压大蒜的茎，检查其摸起来是否坚硬，好的大蒜摸起来没有潮湿感。蒜瓣大片，洁白完整，结实坚硬为佳，尽量挑选整颗。避免买到萌芽、枯萎或外皮呈茶色者。

储 储存方法

　　大蒜可放在网袋中，悬挂在室内阴凉通风处，或放在有透气孔的陶罐中保存。在春节过后老蒜容易发芽的时候，可把大蒜用锡纸紧贴蒜身包好，放入密封盒中存入冰箱冷藏，这样可保存两个月之久。

食用宜忌

　　阴虚火旺之人，经常出现面红、午后低热、口干便秘、烦热等症状者忌食大蒜。有胃及十二指肠溃疡、目疾、口齿喉舌疾病者不宜食用大蒜。

烹 烹饪技巧

　　将大蒜掰成瓣，洗净后放在台板上，用刀平拍，蒜瓣破裂后皮就会剥落。腌制大蒜不宜时间过长，以免破坏有效成分。在菜肴成熟起锅前，放入一些蒜末，可增加菜肴美味。做凉拌菜时加入一些蒜泥，可使香辣味更浓。

食 推荐食谱

蒜蓉茄子

原料：
茄子2个，蒜蓉30克，葱花少许，鸡粉、盐各3克，孜然粉4克，食用油适量。

做法：
❶ 茄子用中火烤10分钟至熟软；
❷ 再用小刀将茄子划开，茄子柄部切开，但不切断；
❸ 在茄子肉上划几刀，撒入盐、鸡粉，倒入蒜蓉，铺平；
❹ 淋上食用油，用中火烤8分钟，撒入盐、孜然粉、食用油，烤2分钟，撒上葱花，装入盘中即可。

TOP ❶ 白皮蒜

蒜头外皮白色，头大瓣少（或有少量夹瓣），皮薄洁白，粘辣郁香；营养丰富，植株高大；生长势强，适应性广；耐寒；蒜头、蒜薹产量均高，也可作保护地多茬青蒜苗栽培。

TOP ❷ 二红皮蒜

由河北省保定市引入内蒙古自治区。蒜头纵径4.5厘米，横径5.4厘米，蒜头外皮呈浅紫红色。蒜头重80克左右。蒜瓣辣味浓，品质中上，耐贮藏。

TOP ❸ 紫皮蒜

内蒙古自治区地方农家品种。外皮呈紫红色，瓣少而肥大，辣味浓厚，品质佳。鲜蒜头重30~60克。

TOP ❹ 苍山大蒜

主要产地为河南省临颍县，蒜薹单重30克左右，蒜皮白色，光滑无皱纹。蒜头大，圆形，每头6~7瓣，平均直径3~4厘米，单头重38~40克，单瓣重5~6克。辣味较浓，肉细，品质好。

TOP ❺ 峨眉山"独蒜"

峨眉山种植大蒜的历史悠久，早就享有"三江九叶灵芝草"之美称。主要产地在峨眉山山麓、沿峨眉山及周边地区为最多，其蒜苗、蒜薹、蒜砣（蒜头）的质量也最好。

TOP ❻ 嘉祥大蒜

嘉祥大蒜是山东省嘉祥县地方品种，为当地出口的传统名土特产。植株长势中等，株高95厘米，假茎高40厘米左右，粗1.6~1.8厘米。叶片狭长，直立，最大叶长50厘米、叶宽2.8厘米，叶表面有蜡粉。

TOP ❼ 苏联蒜

1957年从苏联库班瓣蔬菜研究所引进，现已大面积推广，成为目前我国大蒜出口及内销的重要品种之一。有的地区称之为"改良蒜"，有的地区称之为"杂交蒜"。

TOP ❽ 太仓白蒜

江苏省太仓市地方品种，熟性偏早，属青蒜、蒜薹、蒜头三者兼用类型。蒜头大，圆而洁白，一般蒜6~9瓣，较均匀，味香辣。

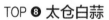

性凉味苦的"绿色精灵"

　　莴笋别名茎用莴苣、莴苣笋、青笋、莴菜。地上茎可供食用，茎皮白绿色，茎肉质脆嫩，幼嫩茎翠绿，成熟后转变白绿色。主要食用肉质嫩茎，可生食、凉拌、炒食、干制或腌渍，嫩叶也可食用。茎、叶中含莴苣素，性凉，味苦，有镇痛的作用。

外皮较薄，呈浅绿色，
略带有浅紫色。

味：质脆，水分充足，
味道甘甜。

学名：LactucasativaL.var.asparaginapBailey
分类：莴苣属
原产地：中国华中或华北

莴笋

营 营养与功效

　　莴笋茎含钾量较高且含有少量的碘元素，莴笋叶含大量的胡萝卜素、维生素、纤维素。莴笋还含有非常丰富的氟元素，具有调节神经系统功能的作用，对有缺铁性贫血病人十分有利。莴笋的热水提取物对某些癌细胞有很高的抑制率，可用来防癌抗癌。

盛产期：1～4月份

| 1 | 2 | 3 | 4 | 5 | 6 | 7 | 8 | 9 | 10 | 11 | 12 | (月) |

（整年）

国产·输入

国产

选 选购妙招

以茎粗大，中下部稍粗或呈棒状，外表整修洁净，基部不带毛根，叶片距离较短为最佳。莴笋颜色呈浅绿色，鲜嫩水灵，有些带有浅紫色为最佳。以皮薄、质脆、水分充足，笋条不空心，表面无锈色为好。

储 储存方法

新鲜莴笋在阴凉通风处可放2~3日，或者用保鲜袋装好，放入冰箱冷藏，则可保鲜一周。需要注意的是，应与苹果、梨子和香蕉分开，以免诱发褐色斑点。将买来的莴笋放入盛有凉水的器皿内，一次可放几棵，水淹至莴笋主干1/3处，放置室内3~5天，叶子仍呈绿色，莴笋主干仍很新鲜，削皮后炒吃亦鲜嫩可口。

烹 烹饪技巧

焯莴笋时一定要注意时间和温度，焯的时间过长，温度过高会使莴笋绵软，失去清脆的口感。

食用宜忌

心悸、淋巴结核、早泄、遗精、阳痿、湿疹、寒性胃痛、慢性支气管炎、痹证、冷哮、痛风、痢疾、夜盲症者不适宜食用莴苣。

食 推荐食谱

美味莴笋蔬果汁

原料：
莴笋100克，哈密瓜100克，白糖15克。

做法：
❶ 莴笋切丁，哈密瓜切成小块；
❷ 锅中注入适量清水烧开，倒入切好的莴笋，搅拌匀，煮约半分钟至熟，捞出待用；
❸ 将加工处理好的食材放入榨汁机中；
❹ 加适量矿泉水，盖上盖子，榨出汁，加入白糖即可。

莴笋品种

TOP ❶ 锣锤莴笋

长沙地方品种。圆叶种，叶簇较平展。叶片浅绿色，长倒卵圆形，着生较密。肉质紧密，肉皆绿色，锣锤开，肉质脆嫩，清香，品质好。可作秋莴笋、越冬莴笋和春莴笋栽培。

TOP ❷ 北京鲫瓜笋

茎用类型。株高30厘米，开展度45厘米。叶浅绿色，长倒卵形，叶面微皱，稍有白粉。肉质茎纺锤形，中下部稍粗，两端渐细。早熟，耐寒性强，耐热性较差。品质好，肉质致密，嫩脆，含水分多。

TOP ❸ 北京紫叶莴笋

北京市地方品种。笋长棒形，上端稍细，茎皮浅绿色，基部带紫晕，皮厚，纤维多，肉质黄绿色，质地嫩脆，味甜，含水分多，品质好。耐寒，晚熟。

TOP ❹ 二白皮莴笋

提纯种，叶圆形，绿色，皮绿白色，单茎重600克，品质优良，定植至收获约110～120天，产量2000～2500千克。

TOP ❺ 二青皮莴笋

最新育成，早熟，耐热，长圆叶，不易糠心，耐抽薹性一般。叶长23～30厘米，倒卵圆形，叶色青绿，肉质茎皮薄，皮浅嫩绿白色，味清香，品质好。

TOP ❻ 尖叶白莴笋

笋呈棒状，嫩白色，节间较短，节疤平，肉浅绿色。该品种在我国北方和长江流域大部分地区（温棚）四季栽培。在云、贵、闽、粤等南方地区全年种植，适宜作越夏抗高温栽培的推荐品种。

TOP ❼ 双尖莴笋

贵州地方品种。尖叶种，叶披针形，绿色。叶片多而密，皮淡绿色，肉略带黄色。抽薹迟，耐热，中熟。适作夏、秋栽培。

TOP ❽ 早熟尖叶莴笋

长势强健，叶簇较直立，叶片呈披针状形似柳叶。叶片绿色稍淡，中肋白绿色，全缘。茎长圆柱棒形，粗而直，外皮白绿色，茎肉绿色，脆嫩微甜，有清香味，品质好。

百合

学名：Liliumbrowniivar.viridulum

分类：百合属

原产地：中国

润肺安神的"云裳仙子"

　　百合性味甘甜，整颗色白细质肉嫩，蒸、煮皆可，有滋补清心的疗效，很适合病后复健期、精神失常者以及意志不振者食用。其中多种的矿物质和维生素，能促进身体营养代谢，对抗疲劳，使耐缺氧能力增强，同时能清除体内多余的有害物质，亦可抑制肿瘤细胞的生长。每晚睡前服用百合汤，可明显改善睡眠，提高睡眠品质。

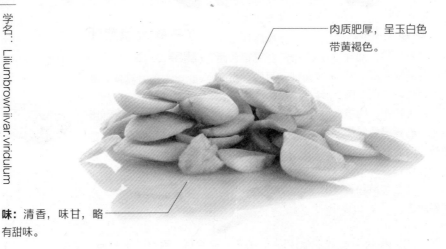

肉质肥厚，呈玉白色带黄褐色。

味： 清香，味甘，略有甜味。

营 营养与功效

　　百合中含有多种营养物质，如矿物质、维生素等，这些物质能促进机体营养代谢，使机体抗疲劳、耐缺氧能力增强。同时能清除体内的有害物质，延缓衰老。

选 选购妙招

　　看片张大小，选片张大、肉质肥厚的质量比较好。片张过小过薄的，可能是采摘过早的嫩片，烧煮时间长了就易煳。要玉白色，表面干净无斑点，质量比较好。

储 储存方法

　　放入密封的罐子中，放入冰箱或阴凉干燥处即可。新鲜百合用保鲜膜封好后置于冰箱中，可保存很长一段时间。

盛产期：6 ~ 11月份

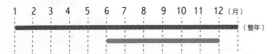

国产·输入

烹 烹饪技巧

　　将鲜百合的鳞片剥下，撕去外层薄膜洗净后在沸水中浸泡一下，可除去苦涩味。

食用宜忌

　　风寒咳嗽者、虚寒出血者、脾虚便溏者忌食百合。

食 推荐食谱

荷兰豆百合炒墨鱼

原料：

墨鱼400克，百合90克，荷兰豆150克，姜片、葱段、蒜片，盐3克，鸡粉2克，白糖3克，料酒5毫升，水淀粉4毫升，芝麻油3毫升，食用油适量。

做法：

❶ 锅中注入清水烧开，倒入荷兰豆、百合汆煮捞出；

❷ 热锅注油烧热，倒入姜片、葱段、蒜片爆香，倒入墨鱼、荷兰豆、百合，加入盐、白糖、鸡粉、料酒；

❸ 淋入少许水淀粉、芝麻油，翻炒收汁即可。

百合品种

TOP ❷ 龙牙百合

龙牙百合是万载县的一个传统产品，个头大，片长肉厚，心实，色泽白，味道美，营养丰富，药效明显。

TOP ❶ 川百合

鳞茎呈卵球形或宽卵形，球高2～4厘米，直径2～4.5厘米，栽培年限长的鳞茎其直径可达6厘米以上。鳞片白色，肉质，长2～3.5厘米，宽1～1.5厘米。

TOP ❸ 加拿大百合

别名草地百合。广泛分布于北美东部。鳞茎卵珠形至近球形，白色或带黄色;具多数厚而短卵圆形鳞片。

TOP ❹ 大百合

小鳞茎卵形，高3.5～4厘米，直径1.2～2厘米，干时为淡褐色。

牛蒡

学名：Arctium lappa L.
分类：菊科
原产地：中国

保健护肤的"东洋参"

牛蒡原产于中国，以野生为主。现在日本人把牛蒡奉为营养和保健价值极佳的高档蔬菜。牛蒡凭借其独特的香气和纯正的口味，风靡日本和韩国；走俏东南亚，并引起西欧和美国有识之士的关注，可与人参媲美，有"东洋参"的美誉。

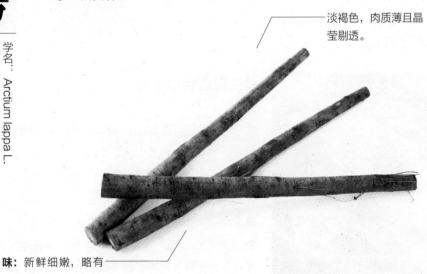

淡褐色，肉质薄且晶莹剔透。

味：新鲜细嫩，略有土腥味。

营 营养与功效

每100克牛蒡中含水分约87克，碳水化合物3~3.5克，脂肪0.1克，膳食纤维1.3~1.5克，胡萝卜素高达0.39克，牛蒡根中蛋白质的含量也极高，具有预防高血压的作用。

选 选购妙招

手握牛蒡较粗一段，如牛蒡自然弯曲下垂，表示此牛蒡十分新鲜细嫩，口感上佳。牛蒡的表皮最好是淡褐色且不长须根，质地较细嫩而不粗糙。

储 储存方法

牛蒡若一时吃不完，可以先将要食用的分量切下清洗，较细的一端先食用，剩余的部分不要碰到水，用报纸或保鲜膜包住，放在阳光晒不到的阴凉处。

盛产期：10月份

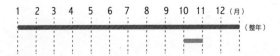

国产·输入

国产

烹 烹饪技巧

将牛蒡丝刨在水里，当水变成铁锈色时，必须再换清水，否则不能保持牛蒡的原色。

食用宜忌

牛蒡性寒滑利，能滑肠通便，故脾虚腹泻者忌用；痈疽已溃、脓水清稀者也不宜食用。

食 推荐食谱

糙米牛蒡饭

原料：

水发大米60克，水发糙米60克，牛蒡50克，白醋适量。

做法：

❶ 糙米、大米泡发，牛蒡切成丁备用；

❷ 烧开水倒入牛蒡丁，搅拌匀，淋入白醋，煮至断生后将牛蒡丁捞出，沥干水分，待用；

❸ 砂锅中注入适量的清水大火烧热，倒入泡发好的糙米、大米，放入牛蒡丁，搅拌匀；

❹ 盖上锅盖，大火煮开后转中火煮40分钟至熟即可。

牛蒡品种

TOP ❶ 柳川理想

根长75厘米，根势均匀，直径3厘米左右，裂根少。肉质柔嫩，富含香气，食味佳。

TOP ❷ 野川

中晚熟品种，大牛蒡类型。叶片叶柄较宽，长势旺，根长100厘米左右。头部较粗，皮色深褐，易糠心，早春易抽薹。

TOP ❸ 松中早生

早熟类型。抽薹晚，可用于春、秋两季栽培。肉质柔嫩，白色，无涩味，烹饪时不变黑。根毛少，裂根少，根长70~75厘米，根形整齐一致，收获期较长。

TOP ❹ 渡边早生

渡边早生是3月播种，夏季收获的中早熟品种。根长70厘米。肉质根膨大块，肉质柔嫩，香气浓，品质佳。

菱角

学名：Trapa bispinosa Roxb.
分类：菱属
原产地：欧洲

补脾益气的"养生之果"

菱角一般都以蒸煮后食用，或晒干后剁成细粒，熬粥食亦可。菱角外形奇妙，可作为主食，是秋冬主要美食，非常适合老幼、体质虚弱的妇女长期食用。菱角的嫩茎可作为蔬菜烹煮，果肉含有丰富的淀粉、碳水化合物、蛋白质以及维生素 B_2、维生素 C，营养价值很高。

表面光滑，有尖角。

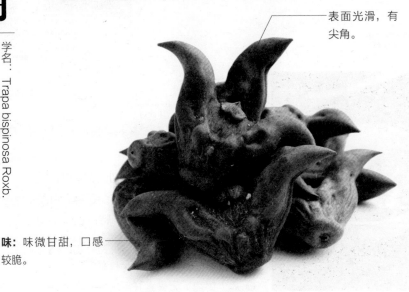

味：味微甘甜，口感较脆。

营 营养与功效

菱角含有丰富的淀粉、蛋白质、葡萄糖、脂肪和多种维生素，如维生素 B_2、维生素 C、胡萝卜素及钙、磷、铁等，具有利尿通乳、止渴、解酒毒的功效。

盛产期：秋季

1　2　3　4　5　6　7　8　9　10　11　12　（月）

（整年）

国产·输入

国产

选 选购妙招

　　生吃菱角选绿色的较嫩，且吃起来口感较脆，像荸荠；外壳紫红者幼嫩，适合入菜；外壳紫黑者，常作为零食。连壳买，越大越饱满者越好。

储 储存方法

　　菱角去壳放进保鲜盒中，再包一层保鲜膜，放冰箱冷藏可保存两天。生菱角装入塑胶袋放入冷冻库，可以存放一段时间。熟的菱角放冷藏室，但不能存放太久，容易腐败变酸。

烹 烹饪技巧

　　可用冷水浸泡约 20~30 分钟，再用布擦洗表皮就可将表面黑色外皮及不洁净的东西洗净。

食用宜忌

　　菱角性寒凉，多食易腹胀，生食不宜过量。尽量不生吃菱角，也不要用牙齿啃皮。

食 推荐食谱

菱角莲藕粥

原料：

水发大米 130 克，莲藕 70 克，菱角肉 85 克，荸荠肉 40 克，白糖 3 克。

做法：

❶ 菱角肉、荸荠肉切小块，莲藕切丁；

❷ 砂锅中注入适量清水烧开，倒入洗净的大米，放入各式切好的食材，搅拌匀，使其匀散开；

❸ 盖上盖，烧开后转小火煮 40 分钟，至食材熟透；

❹ 揭盖，加入少许白糖搅匀，至糖分溶化即可。

葛根

学名：Pueraria lobata

分类：葛属

原产地：广西

药食兼用的蔬菜

葛根为豆科植物野葛或甘葛藤萝的块根。野葛和甘葛藤属多年生落叶藤本，野葛生于山坡、路边草丛中及较阴湿的地方，秋冬二季采挖，趁鲜切成厚片或小块。葛根味甘、辛，性凉。有解肌退热、透疹、生津止渴、升阳止泻之功，常用于表证发热、项背强痛、麻疹不透、热病口渴、阴虚消渴、热泻热痢、脾虚泄泻。

表面褐色，具纵皱纹，质坚实。

味： 质紧实，略见粉性，气微，味微甜。

营 营养与功效

葛根主要含碳水化合物、植物蛋白、多种维生素和矿物质，尤其适宜高血压、高血脂、高血糖及偏头痛等心脑血管病患者食用，更年期妇女、易上火人群可作日常饮食调理。

盛产期：秋、冬季

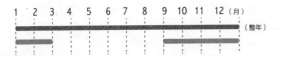

| 1 | 2 | 3 | 4 | 5 | 6 | 7 | 8 | 9 | 10 | 11 | 12 (月) |

（整年）

国产·输入

国产

选 选购妙招

野葛根完整的块根呈圆柱形，可见皮孔及须根痕。纤维性强，略见粉性，味微甜。除去外皮的表面呈黄白色或淡黄色，质坚硬而重，纤维性弱，有的呈绵毛状，全粉性。

储 储存方法

选择晴天上午开土挖出成熟的葛根，挖出后平放在地面，在太阳下曝晒 5~6 小时，轻轻抖掉泥土后，轻收备用。

烹 烹饪技巧

可用冷水浸泡约 20~30 分钟，再用布擦洗表皮即可将表面黑色外皮及不洁净的东西洗净。

食用宜忌

服用葛根粉期间忌食刺激性食物：酒、碳酸类饮料、浓茶、浓咖啡及刺激性很大的辣椒、生姜。

食 推荐食谱

葛根百合粥

原料：
水发大米 100 克，葛根 7 克，鲜百合 6 克。

做法：
❶ 砂锅中注入适量清水烧开，倒入备好的葛根，拌匀，略煮；
❷ 放入洗好的大米、百合搅拌匀；
❸ 盖上盖，烧开后用小火煮约 30 分钟至食材熟透；
❹ 揭开盖，搅拌均匀；
❺ 关火后盛出煮好的粥即可。

葱

学名：Allium fistulosum L.

分类：葱属

原产地：中国

色香味俱全的调味品

家庭常用的葱有京葱、青葱，其辛辣香味较重，在菜肴中应用较广，既可作辅料又可当作调味品。多用于凉拌菜或加工成型撒拌在成菜上。油炸过的葱，香味甚浓，可去除鱼腥味。汤烧好去葱段，其汤清亮不浑浊。水产、家禽、家畜的内脏和蛋类原料腥膻、异味较浓，烹制时葱是必不可少的调料。

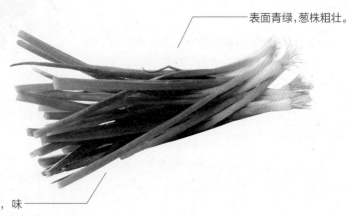

表面青绿，葱株粗壮。

味：刺激性气味，味甘甜。

营 营养与功效

葱除了含胡萝卜素、维生素B、维生素C及铁、钙、磷、镁等矿物质外，还含葱辣素，具有较强的杀菌及抑制细菌、病毒的功效，吃生葱有预防及治疗感冒的作用。每天生吃三棵葱（大约60克），可以很好地预防流感。

盛产期：全年

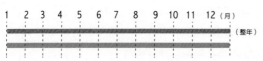

国产·输入

选 选购妙招

新鲜青绿，无枯、焦、烂叶；葱株粗壮匀称、硬实，无折断、扎成捆；葱白长，管状叶短；干净，无泥无水，根部不腐烂。新鲜的葱绿色葱管呈圆管状，须根多且密，土壤盖越深葱白会越长，相对的也越好吃。葱叶翠绿，葱白质嫩，没有腐烂枯萎者为佳。

储 储存方法

储存前，要先晾晒三四天，将葱叶晒蔫，然后把大葱编起来打成六七棵一个的小捆，用叶子挽成一个结，根朝下存放在阴暗避风处。大葱切忌沾水受潮，以免腐烂，但是太干燥会干瘪变空。尽量以保存原貌为重点，以带土的方式存放在阴凉通风处，不可直接晒太阳。

烹 烹饪技巧

葱可生吃，也可凉拌当小菜食用；作为调料，多用于荤、腥、膻以及其他有异味的菜肴、汤羹中。

食用宜忌

狐臭及表虚多汗、自汗之人忌食。患有胃肠道疾病特别是溃疡病的人不宜多食。葱对汗腺刺激作用较强，有腋臭的人在夏季应慎食；表虚、多汗者也应忌食，过多食用葱还会损伤视力。

食 推荐食谱

香葱曲奇

原料：

奶油 65 克，糖粉 50 克，液态酥油 45 克，葱花 3 克，低筋面粉 175 克，清水适量，食盐 3 克，鸡精 2 克。

做法：

❶ 将奶油和糖粉混合拌匀，分次加入液态酥油和清水，再加入食盐、鸡精、葱花混合，倒入低筋面粉，完全搅拌均匀；

❷ 将拌好的面糊装入有花嘴的裱花袋，在烤盘上挤成花型。预热好后放入烤箱，以160℃的炉温烘烤25分钟至完全熟透，出炉，冷却即可。

葱品种

TOP ❶ 小葱

根白、茎青、叶绿，生吃有甜味。

TOP ❷ 老葱

生长期长，棵健壮。最好的老葱是鸡腿葱，根部粗大，向上逐渐细，形似鸡腿，皮白，瓷实，冬天存放不会空心，香味大，宜做调料，每年在霜降以后供应市场。

TOP ❸ 水沟葱

条杆粗，茎白，但叶老不能食用。青葱：是在霜降后上市的一种老葱，这种葱一般种植较密，生长中不上土工或上土少。

TOP ❹ 大葱

大葱味辛，性微温，具有发表通阳，有解毒调味，发汗抑菌和舒张血管的作用。主要用于风寒感冒、恶寒发热、头痛鼻塞、阴寒腹痛、痢疾泄泻、虫积内阻、乳汁不通、二便不利等症状。

TOP ❺ 分葱

分葱是百合科葱属中大葱的一个变种，多年生草本植物。分葱性喜冷凉，忌高温多湿。原产于中国西部、亚洲西部叙利亚一带。台湾则由早期先民从大陆引入。

TOP ❻ 香葱

叶为中空的圆筒状，向顶端渐尖，深绿色，常略带白粉。植株小，叶极细，质地柔嫩，味清香，微辣，主要用于调味和去腥。原产于亚洲西部。在我国南方较为广泛地栽培。欧洲和亚洲的一些地区也有栽培。

TOP ❼ 楼子葱

楼子葱为百合科葱属中葱的一个变种，多年生草本植物。以楼子葱的假茎和嫩叶作菜肴调料，花茎上较肥大的气生鳞茎也可供食用。楼子葱的葱香味极浓郁，是一个极少见的葱品种群。

TOP ❽ 羊角葱

是由棵小的老葱叶齐留要，屯在温室池子里长成的，叶色金黄，茎白，味鲜嫩。地羊角葱：是头年生长不够成熟留到来年开春再上市的葱。茎白，叶绿，叶厚，生吃很辣。小葱：其根白、茎青、叶绿，生吃有甜味。

Chapter 2

叶菜类

叶菜类是指以肥嫩菜叶、叶柄作为食用部分的蔬菜。这类蔬菜生长期短，适应性强，一年四季都有供应。它们是矿物质和维生素的重要来源。在这类蔬菜中，以绿色叶菜为代表，含有较多的钙、磷、钾、镁及铁、铜、锰等，且钙、磷、铁的吸收和利用较好，而成为钙和铁的重要来源。

白菜

学名：rassica pekinensis Rupr.
分类：芸薹属
原产地：中国

人见人爱的"百菜之王"

白菜是我国原产蔬菜，有悠久的栽培历史。白菜与另一种十字花科植物青菜的幼株，成为我国居民餐桌上必不可少的一道美蔬。白菜具有较高的营养价值，含有大量水分，味美甘甜，叶茎或叶片吃起来脆嫩又爽口，是广受喜爱的新鲜蔬菜。

—— 叶片翠绿，果实坚硬。

味: 清甜，含有较多的水分。

营 营养与功效

白菜的水分含量约95%，而热量很低。白菜中铁、钾、维生素A的含量也比较丰富。白菜的营养元素能够提高机体免疫力，有预防感冒及消除疲劳的功效。

选 选购妙招

选购白菜的时候，要看根部切口是否新鲜水嫩。颜色是翠绿色最好，越黄、越白则越老。

储 储存方法

如果温度在0℃以上，可在白菜叶上套上塑料袋，口不用扎，或者从白菜根部套上去，把上口扎好，根朝下竖着放即可。

盛产期：秋、冬季

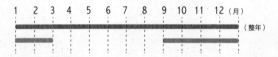

1 2 3 4 5 6 7 8 9 10 11 12 （月）
（整年）

国产·输入

国产

烹 烹饪技巧

　　白菜宜顺丝切，这样易熟。菜在沸水中焯烫的时间不可过长，最佳时间为20～30秒，否则烫得太软太烂，影响口感。炒白菜之前可以先放入沸水里煮2～3分钟，捞出沥去水，可去除白菜的苦味。

食用宜忌

　　白菜性偏寒凉，胃寒腹痛、大便溏泻及寒痢者不可多食。

食 推荐食谱

花胶白菜猪腱汤

原料：

猪腱肉200克，水发花胶150克，白菜叶280克，陈皮1片，金华火腿90克，葱白、姜片少许，盐2克。

做法：

❶ 锅中注水烧热，倒入切好的猪腱肉，去除血水及脏污，再往锅中放入切好的火腿，去除多余盐分；

❷ 砂锅注水，倒入猪腱肉、火腿、花胶，加入陈皮、姜片、葱白，用大火煮开后转小火续煮2小时至入味；

❸ 倒入白菜叶，焖20分钟至熟软揭盖，加盐搅拌即可。

白菜品种

TOP ❷ 天津白菜

长条形，纤维粗，口感硬，可炒食、煮食或腌渍泡菜。

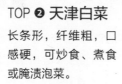

TOP ❹ 娃娃菜

原产于中国华北地区的迷你型结球白菜，主要用来作沙拉、铁板烧食用。

TOP ❶ 阳春大白菜

适宜春夏季节栽培品种，定植62天左右成熟。球重3公斤以上，低温状态下不易抽薹，高温条件下结球良好，球形整齐一致，产量高，生长势旺盛。

TOP ❸ 高脚奶白菜

奶白菜是一二年生草本植物，十字花科植物，原产于中国的南方，以广东栽培较多。浅根作物，须根发达，再生力强，适于育苗移栽。

苋菜

学名：Amaranthus mangostanus L.

分类：苋属

原产地：中国

耐旱耐寒的云天菜

苋菜原本是一种野菜，原产中国、印度及东南亚等地，中国自古就将苋菜作为野菜食用。苋菜耐旱耐寒，有"云天菜"之称。苋菜有绿色或紫红色，茎部纤维一般较粗，咀嚼时会有渣。苋菜菜身软滑而菜味浓，入口甘香，有润肠胃、清热之功效。

叶片较厚，手感较软 . 嫩。

味：性味甘凉，丝滑可口。

营 营养与功效

苋菜所含的铁质、钙质、蛋白质均非常丰富，苋菜叶里含有高浓度赖氨酸，可补充谷物氨基酸组成的缺陷，很适宜婴幼儿和青少年食用，对促进生长发育具有良好的作用。

选 选购妙招

挑选苋菜的时候，应选择叶片新鲜的、无斑点、无花叶的，一般来说叶片厚平的比较嫩，选购的时候也应该手握苋菜，手感软的较嫩，手感硬的较老。

储 储存方法

苋菜的储存期不宜长在7℃以下，会发生冷害。购买后须快速预冷，将温度降至15℃以下，最好能于8~10℃储存，储存后避免长期冷凝水附着叶面，否则叶面极易腐烂。

盛产期：10 ~ 11月份

国产·输入

烹 烹饪技巧

　　常用烹调方法包括炒、焓、拌、做汤、煮面和制馅，但是烹调时间不宜过长。在炒苋菜时可能会出很多水，所以在炒制过程中可以不用加水。如果想蒜香扑鼻，就要在出锅前再放入蒜末，这样香味最为浓厚。

食用宜忌

食 推荐食谱

香菇苋菜

原料：

鲜香菇50克，苋菜180克，姜片、蒜末各少许，盐2克，鸡粉2克，料酒、水淀粉、食用油各适量。

做法：

❶ 香菇切片备用，用油起锅，放入姜片、蒜末，爆香；

❷ 倒入香菇，拌炒匀，淋入料酒，再倒入苋菜，炒至熟软；

❸ 加入适量盐、鸡粉炒匀调味，淋入少许清水，拌炒匀；

❹ 倒入适量水淀粉，将炒好的食材盛出，装入盘中即成。

苋菜品种

TOP ❷ 柳叶苋

叶披针形，先端钝尖，边缘向上卷曲成汤匙状，叶片绿色，叶柄青白色，也有一定的耐热、耐寒性。广州市地方品种。

TOP ❹ 红苋

叶片和叶柄及茎为紫红色。叶片卵圆形，叶面微皱，叶肉厚，质地柔嫩。耐热性中等，生长期30～40天，适于春播。

TOP ❶ 白米苋

叶片呈卵圆形，先端钝圆，叶面微皱，叶片及叶柄黄绿色。较晚熟，耐热力强，春播或秋播。为上海市地方品种，贵州省也有分布。

TOP ❸ 木耳苋

叶片较小，卵圆形，色深绿发乌，叶面有皱褶。南京市地方品种。

生菜

学名：var. ramosa Hort.
分类：莴苣属
原产地：古希腊、罗马

消脂减肥的"蔬菜皇后"

生菜为一年生或二年生草本作物，叶长倒卵形，密集成甘蓝状叶球，可生食，脆嫩爽口，略甜。生菜性凉，因其茎叶中含有莴苣素，故味微苦，有清热提神、镇痛催眠、降低胆固醇等功效。近年来，栽培面积迅速扩大。

————叶片翠绿。

味：味道清香，略微甘苦。

营 营养与功效

生菜富含水分，每100克食用部分含水分高达94%~96%，故生食清脆爽口，特别鲜嫩。生菜中膳食纤维和维生素C比白菜多，有消除多余脂肪的作用。

选 选购妙招

挑选球生菜时，要选松软叶绿、大小适中的；硬邦邦的口感差。买散叶生菜时，大小适中、叶片肥厚适中、叶质鲜嫩、叶绿梗白且无蔫叶，看根部及中间有凸起的薹，说明生菜老了。

储 储存方法

用保鲜膜包裹住洗干净的生菜，切口向下，放在冰箱中冷藏即可。

盛产期：冬季至次年春季

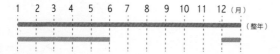

国产·输入

烹 烹饪技巧

因可能有农药化肥的残留，生吃前一定要洗净。无论是炒还是煮，时间都不要太长，这样可以保持生菜脆嫩的口感。生菜用手撕成片，吃起来会比刀切的脆。

食用宜忌

一般人群均可食用，尿频、胃寒的人应少吃。不可与碱性药物同食。

食 推荐食谱

生菜肉扒沙拉

原料：

牛排 2 块，生菜 1 小把，小番茄 8 个，沙拉适量，柠檬半个，盐适量，黑胡椒 1/2 茶匙，橄榄油 2 汤匙。

做法：

❶ 煎锅烧热，放入橄榄油，待微微冒起白烟时放入牛排煎；

❷ 翻面后的牛排，可以改中火继续煎，期间用研磨黑胡椒和海盐调味；

❸ 最后加入生菜、番茄、柠檬摆盘，淋上沙拉酱即可。

生菜品种

TOP ❶ 罗马生菜

罗马生菜食法同结球生菜相似，可以直接洗净后拌食，不适合炒、炖、做汤。

TOP ❷ 罗莎生菜

罗莎生菜是叶用莴苣的俗称，属菊科莴苣属。为一年生或二年生草本作物，也是欧美国家的大众蔬菜，深受人们喜爱。

TOP ❸ 奶油生菜

奶油生菜属菊科莴苣属，为一年生草本作物。叶子呈卵圆形，嫩绿色，叶面较平，中下部横皱，商品性好，叶质软。

TOP ❹ 美国大速生

美国大速生植株生长紧密；散叶型，叶片多皱，倒卵形，叶缘波状，叶色嫩绿。生长速度快，生育期45天左右，品质甜脆，无纤维，不易抽薹。

芹菜

学名：Apium graveolens

分类：芹属

原产地：地中海地区和中东

镇定安神的高纤维食物

芹菜具有独特的香气，是极具魅力的蔬菜。芹菜含芳香油、蛋白质、无机盐和丰富的维生素。叶用芹含维生素较多，根用芹的含量略少，矿物盐和纤维素较丰富。芹菜的成分中矿物质含量不多，但是营养均衡，可以安神助眠、解毒清热、消渴润肠，促进食欲。

肉厚、质密，分枝脆嫩易折断。

味： 香气四溢，口感清爽。

営 营养与功效

一般人群均可食用，特别适合高血压、动脉硬化、高血糖、缺铁性贫血、经期妇女食用。芹菜性凉质滑，脾胃虚寒、大便溏薄者不宜多食；芹菜有降血压作用，故血压偏低者慎用；芹菜会杀死精子，准备生育的男性应注意适量少食。

盛产期：10 月至次年 4 月

| 1 | 2 | 3 | 4 | 5 | 6 | 7 | 8 | 9 | 10 | 11 | 12 | (月) |

（整年）

国产·输入

国产

选 选购妙招

　　选购芹菜时色泽要鲜绿，叶柄应是厚的，茎部稍成圆形，内侧微向内凹， 这种芹菜品质为佳。叶片青翠不变黄，茎干肥大宽厚呈白色、无斑，气味浓烈者为良品。

储 储存方法

　　芹菜最好竖着存放，垂直放的蔬菜所保存的叶绿素含量比水平放的蔬菜要多，且存放时间越长、差异越大。叶绿素中造血的成分对人体有很高的营养价值。另外将芹菜去除叶片后，放入塑胶袋再置于冰箱冷藏，较易保鲜。

食用宜忌

　　芹菜性凉质滑，脾胃虚寒及大便溏薄者不宜多食。芹菜有降血压作用，故血压偏低者慎食。

烹 烹饪技巧

　　芹菜的叶比茎更有营养，叶中的胡萝卜素含量是茎中的88倍，维生素B_1是茎的17倍，蛋白质是茎的11倍，故芹菜叶的营养不容忽视。可以煮汤喝，美容养颜、安神助眠。还可以和莴笋加一点橄榄油一起凉拌，清凉可口。

食 推荐食谱

胡萝卜芹菜汁

原料：
芹菜 70 克，胡萝卜 200 克。

做法：
❶ 洗净去皮的胡萝卜切条块，改切成丁；
❷ 洗好的芹菜切成粒备用；
❸ 取榨汁机，选择搅拌刀座组合，倒入切好的芹菜、胡萝卜；
❹ 加入适量矿泉水，盖上盖子，榨取蔬菜汁，把榨好的芹菜胡萝卜汁倒入杯中即可。

TOP ❶ 高犹它 52—70R

株形较高大，株高70厘米以上。呈圆柱形，易软化。单株重一般为1000克以上。

TOP ❷ 加州王

植株高80厘米，茎白绿色，品质好，纤维少。耐光照，单株重可达1000克。

TOP ❸ 西芹菜

叶柄粗大，实心，质地脆嫩，纤维少，香味浓。

TOP ❹ 玻璃脆芹菜

由开封市蔬菜所选育而成。叶绿色，叶柄粗，直径1厘米左右，黄绿色，肥大而宽厚，光滑无棱，有光泽，茎秆实心，组织柔嫩脆弱，纤维少，微带甜味，品质好，炒食、凉拌俱佳。

TOP ❺ 冬芹

从意大利引进，又叫意大利冬芹，20世纪70年代末进入中国。植株生长势强，株高70厘米，单株重250～700克。叶柄实梗、脆嫩，纤维少，具香味，抗寒性强。

TOP ❻ 旱芹

旱芹，即中国芹菜，叶柄较细长，品种很多，有白芹、青芹，我国南北各省区均有栽培。具有平肝、清热、祛风、利水、止血、解毒之功效。

TOP ❼ 津南实芹 1号

津南实芹1号芹菜是天津市南郊区双港乡农科站南郊区农业局蔬菜科、南郊南马集村从天津白庙芹菜中变异株系统选育而成。扇形复叶，边缘锯齿状，绿色。

TOP ❽ 美芹

从美国引进的西芹品种，株高90厘米左右，叶柄绿色，实心，质地嫩脆，纤维极少。平均单株重1000克左右，生熟均适。

开胃消食的中国特产菜

芥菜具有特殊的风味和辛辣味，可鲜食或加工。芥菜含高纤维，能促进肠道蠕动，消化功能不好的人经常喝芥菜汤会得到改善，尤其适宜减肥者食用。芥菜更具有开胃、促进食欲、祛痰、解燥热的功效。芥菜的热量很低，对人体的发育和新陈代谢都有相当好的作用；可以治疗头痛、感冒等现象。

芥菜

学名：Brassica juncea (L.) Czern. et Coss

分类：芸薹属

原产地：亚洲

果实饱满，叶片肥厚。

味： 鲜嫩丝滑，味香而甜。

🈟 营养与功效

芥菜含有丰富的维生素A、B族维生素、维生素C和维生素D。一颗芥菜中维生素C的含量是每日建议摄取量的1.5倍，同时含有大量的抗坏血酸，有提神醒脑、消除疲劳的作用。

盛产期：冬季至次年春季

1	2	3	4	5	6	7	8	9	10	11	12	(月)

(整年)

国产·输入

国产

选 选购妙招

　　芥菜的外表有点像包心菜，挑选时应选择包得比较饱满，且叶片肥厚，看起来很结实的芥菜，芥菜长度最好介于20~30厘米，比较嫩，太长表示过老。

储 储存方法

　　储存的时候往芥菜的叶片上面喷点水，然后用纸包起来，颈部朝下直立放进冰箱，芥菜的茎底部因有采收的伤口，若先洗过易受细菌感染，建议直接先冷藏保存，要吃时再洗。

烹 烹饪技巧

　　野芥菜独有的香味特别好，如果想用野芥菜做汤或者凉拌的时候也不会失去这种香味，就不宜用太多的大酱或者调料，做汤的时候少放大酱，凉拌的时候只用酱油和香油，其他调料建议少放或者不放。

食用宜忌

　　一般人群均可食用，尤其可作为眼病患者的食疗佳品。芥菜类蔬菜常被制成腌制品食用，因腌制后含有大量的盐分，故高血压、血管硬化的病人应注意少食。

食 推荐食谱

爽口胡萝卜芥菜柠檬汁

原料：
柠檬1个，西芹50克，白萝卜70克，芥菜80克。

做法：
❶ 将柠檬洗净，连皮切片；萝卜去皮，切成小块；芥菜、西芹分别洗净备用；
❷ 将柠檬、萝卜、西芹、芥菜放入榨汁机中，榨成汁即可。

芥菜品种

TOP ❶ 油芥菜

基生叶长圆形或倒卵形，边缘有重锯齿或缺刻。原产于亚洲，中国南北各地栽培。种子可榨油，供食用；磨粉可作调味品，又可入药。

TOP ❷ 大芥菜

十字花科芸薹属，二年生草本植物，原产于中国。叶片未枯萎、未抽薹，即宜采摘。

TOP ❸ 包心芥菜

株形大，叶柄肥短扁阔，叶身较短，结球紧实，肉质柔软肥嫩，无纤维，炒食、加工两用。

TOP ❹ 春不老

春不老作为一种庭院植栽及绿篱，不仅仅具有食用价值，是人人喜爱的美食，还具有重要的药用价值，对于消炎消肿、痢疾、皮肤炎有显著疗效。

TOP ❺ 榨菜

也叫茎用芥菜。原产我国西南，以膨大的茎供食用，其加工产品是榨菜，质地脆嫩、风味鲜美、香气扑鼻、营养丰富，具有一种特殊风味。它是芥菜的一个变种，叶片大，膨大茎的叶柄下有1~5个瘤状凸起。

TOP ❻ 皱叶芥菜

一年生草本，高30~150厘米，常无毛，有时幼茎及叶具刺毛，带粉霜，有辣味；茎直立，有分枝。皱多，叶大而软，稍带辣味，具有独特风味。盐渍用最好。还可以代替生菜和香芹，作为装饰蔬菜使用。

TOP ❼ 金丝芥菜

金丝芥为浅根性，须根强大发达，叶片为长椭圆形，绿色，叶柄长而纤细，近圆形内有浅沟，白中带浅绿色，质柔软而脆。

TOP ❽ 雪里蕻

雪里蕻，一年生草本植物，芥菜的变种，将芥叶连茎腌制，便是雪里蕻（又称雪里翁），俗称辣菜。叶子深裂，边缘皱缩，花鲜黄色。茎和叶子是普通蔬菜，通常腌着吃。

香菜

学名：Coriandrum sativum
分类：芫荽属
原产地：地为地中海沿岸及中亚地区

是香料也是中药的"鬼菜"

香菜富含营养素、维生素 C、维生素 B 群、维生素 E 和矿物质，且含有挥发性香味物质，可促进胃口、改善代谢、清除体内滞积的食物，饮食时有提味的作用。炒菜、煮汤加点香菜末就变得美味极了，而且还可以增强食欲。另外香菜还可以作为中药使用，所以被称为"鬼菜"。

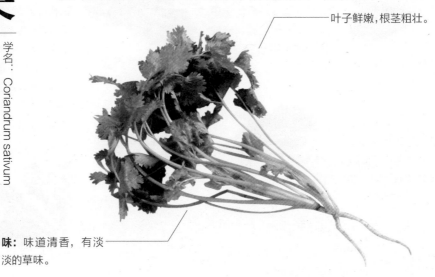

叶子鲜嫩，根茎粗壮。

味：味道清香，有淡淡的草味。

营 营养与功效

香菜水分含量很高，可达90%，蛋白质、糖类、维生素、钙、磷、铁等矿物质含量也很高。寒性体质的人适当吃点香菜可以缓解胃部冷痛、消化不良、麻疹不透等症状。

选 选购妙招

香菜应挑选全株肥大、干而未沾水、叶子鲜绿、带根者为佳。选择粗壮、颜色鲜绿、叶片生长茂密、没有断枝或烂叶，整株不会软软下垂者较佳。

储 储存方法

在开水锅里放少许食盐，再将香菜根部放进锅中浸烫半分钟左右，然后把香菜全部浸入水中焯烫10秒钟，待香菜变绿即取出，晾凉后用细铁丝挂在通风处阴干，切忌曝晒。

盛产期：冬季至次年春季

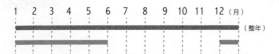

国产·输入

烹 烹饪技巧

香菜含有精油，味道辛烈，千万不要打成汁饮用。可与其他蔬果混打成汁饮用，但每次勿超过30克，以免发生神经器官不调的现象。

食用宜忌

一般人群均可食用，患风寒外感者、脱肛及食欲不振者、小儿出麻疹者尤其适合食用。

食 推荐食谱

茴香拌香菜

原料：

香菜30克，茴香30克，蒜末少许，盐2克，白糖3克，生抽4毫升，芝麻油3毫升，陈醋3毫升。

做法：

❶ 茴香、香菜切成段，加入蒜末、盐、白糖；
❷ 再淋入生抽、芝麻油、陈醋，搅拌匀；
❸ 将拌好的食材装入盘中，即可食用。

香菜品种

TOP ❷ 澳洲香菜

该品种由澳大利亚引进，叶片绿，有光泽，产量高，香味浓，纤维少，是反季节蔬菜中的"宠儿"。

TOP ❹ 泰国香菜

叶绿色，叶圆形边缘浅裂，叶柄白绿色，纤维少，香味浓，品质极优，是反季节种植最理想的品种。

TOP ❶ 白花香菜

又名青梗香菜，为上海市郊地方品种。香味浓，晚熟。

TOP ❸ 四季香菜

四季香菜抗热、耐寒。株高20～28厘米，开展度15～20厘米。四季均可栽培，尤以高温季节栽培优势更为明显，是反季节效益栽培的理想品种。

菜菠

学名：Spinacia oleracea L.

分类：菠菜属

原产地：伊朗

清肤抗老的"菜中之王"

古代中国人称之为"红嘴绿鹦哥"，又称菠薐、波斯草、赤根菜、鹦鹉菜、鼠根菜、角菜，以叶片及嫩茎供食用。菠菜富含维生素 B_1、维生素 B_2 以及胡萝卜素和叶酸，能使皮肤红润光亮，促进成长中的细胞发育，可改善缺铁性贫血，是中年、更年期女性最适合的养颜保健食品。

叶子新鲜有弹性，菜梗红短。

味：味淡，清新可口。

营 营养与功效

菠菜含有大量的植物粗纤维，具有促进肠道蠕动的作用，利于排便，且能促进胰腺分泌，帮助消化。

选 选购妙招

选购菠菜时要看叶子易厚伸张得很好，且叶面要宽、叶柄则要短，如叶部有变色现象要予以剔除。

储 储存方法

将叶子略微沾一点水，用纸将它包起来，然后装进保鲜袋，放入冰箱冷藏室中竖直摆放。

盛产期：春、秋、冬季

国产·输入

烹饪技巧

菠菜含有草酸，草酸与钙质结合易形成草酸钙，它会影响人体对钙的吸收。因此做菠菜时，先将菠菜用开水烫一下，可除去80%的草酸，然后再炒、拌或做汤就好。

食用宜忌

一般人群均可食用。特别适合老幼病弱者食用，长期使用电脑者、爱美人士也应常食菠菜。

推荐食谱

菠菜草莓沙拉

原料：

新鲜去壳核桃50克，新鲜嫩菠菜225克，熟草莓450克，茴香块茎1个，沙拉酱材料，橙子1/2个（榨汁），法国芥酱1茶匙，纯橄榄油2汤匙，醋1汤匙，盐少许。

做法：

❶ 核桃装入烤盘，放入烤箱内烤约7分钟，不时摇动烤盘并检查杏仁，以免烤焦；

❷ 制作沙拉酱：将全部材料放入有螺旋盖的瓶子，旋紧瓶盖，用力摇匀，最后沙拉浇上沙拉酱即可。

菠菜品种

TOP ❶ 荷兰菠菜

该品种早熟，耐寒，耐抽薹，叶片大，叶子直立，单棵重600克，最大可达750克，可春种也可秋种。

TOP ❷ 尖叶菠菜

叶片基部宽，先端尖，呈箭形，叶面平，较薄，绿色。叶柄长25厘米，淡绿色。水分少，微甜，品质好，供熟食。主根肉质，粉红色。

TOP ❸ 全能菠菜

全能菠菜是菠菜品种的一种。该品耐寒性强，晚抽薹品种，在3~5℃均能快速旺盛生长，比一般品种生长快，叶厚大而浓绿，在水肥充足条件下特高产，亩产4000~4600千克。

TOP ❹ 日本超能菠菜

植株半直立，叶簇生，叶柄短，叶片大，生长迅速，发叶快，叶肉肥厚，纤维少。品质好，是获得提早和延长春菜供应期及冬贮的最佳品种。

卷心菜

学名：Brassica oleracea var. capitata
分类：芸薹属
原产地：地中海沿岸

富含叶酸的"万能药"

起源于地中海沿岸，16 世纪开始传入中国。卷心菜含维生素 B_2、维生素 C 和多种矿物质和大量的叶酸，对一般性的胃溃疡、十二指肠溃疡有很好的改善效果。具有健脑、补肾的功效，对老人健忘症的保健作用特别有效。此外，还含有微量元素锰，可以促进人体物质代谢、活化人体激素。所以被称为"万能药"。

菜叶翠绿，果实坚硬紧实。

味：口感清脆爽口，微甜。

营 营养与功效

卷心菜的水分含量高（约90%），而热量低，可是大多数卷心菜丝沙拉中的热量比单纯的卷心菜高5倍，因沙拉中常含有富于油脂的调料，想通过控制饮食来减肥的人最好用低热量的调料做沙拉。卷心菜含有丰富的钾、叶酸，而叶酸对巨幼细胞贫血和胎儿畸形有很好的预防作用。

盛产期：全年

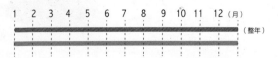

| 1 | 2 | 3 | 4 | 5 | 6 | 7 | 8 | 9 | 10 | 11 | 12 | （月） |

（整年）

国产·输入

国产

 选购妙招

选购卷心菜的时候叶球要坚实，顶部隆起表示球内开始挑薹，中心柱过高，食用风味变差，不宜买。以茎叶鲜亮油绿、不枯焦、不抽薹、叶无斑点、无腐烂等为优。应与苹果、梨子和香蕉分开存放，以免诱发褐色斑点。

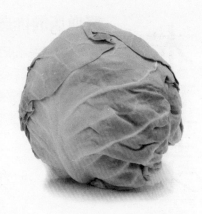

储 储存方法

卷心菜富含大量维生素C，如果存放时间较长，维生素C会被大量破坏，所以最好买现吃。新鲜圆白菜在阴凉通风处可放2～3日，冷藏可保鲜一周。

烹 烹饪技巧

菜入锅后，翻炒时间不宜长。因为一旦菜彻底塌软下去，就会失去清脆的口感，而变得绵软，所以炒至菜叶变软后就立即调入生抽，然后马上关火，再略翻炒几下就出锅；不使加热时间过长，就能保证炒出的菜味道口感均佳。

食用宜忌

卷心菜含有的粗纤维量多，且质硬，故脾胃虚寒、泄泻以及小儿脾胃虚弱者不宜多食。对于腹腔和胸外科手术后，胃肠溃疡及其出血特别严重时、腹泻及肝病时不宜吃。

食 推荐食谱

红甜椒卷心菜沙拉

原料：
红甜椒1个，卷心菜1/4颗，沙拉酱适量，盐3克。

做法：
❶ 洗净的红甜椒和卷心菜切细丝；
❷ 煮熟材料；
❸ 加入沙拉酱和盐即可。

木耳菜

学名：gynura cusimbua (D. Don) S. moore in Journ.

分类：菊三七属

原产地：四川

降血压的优选经济菜

木耳菜是我国的古老蔬菜。因为它的叶子近似圆形，肥厚而黏滑，好像木耳的感觉，所以俗称木耳菜。木耳菜的嫩叶烹调后清香鲜美，口感嫩滑，深受南方居民的喜爱。其营养价值很高，有降低胆固醇的功效，经常食用能降压、益肝、清热凉血、防止便秘。

叶片质嫩，宽大肥厚。

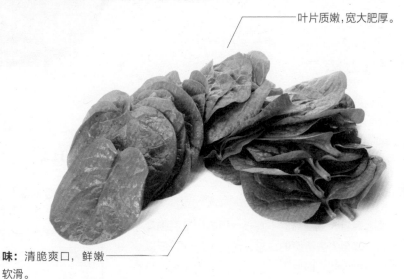

味：清脆爽口，鲜嫩软滑。

营 营养与功效

木耳菜营养素含量极其丰富，尤其钙、铁等元素含量最高，除蛋白质含量比苋菜稍少之外，其他营养素含量与苋菜不相上下。木耳菜的钙含量是菠菜的2~3倍，且草酸含量极低，是补钙的优选经济菜。

盛产期：7 ~ 9月份

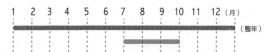

国产·输入

选 选购妙招

　　选购的时候，一定要选择叶片宽大肥厚者，再看叶梗的粗细，叶梗粗的说明生长时间较长，比较老；叶梗稍细的说明生长时间较短，木耳菜较嫩。

储 储存方法

　　将木耳菜放入塑料袋中，这样可以减少水分蒸发，保持其新鲜度。或者将洗好的木耳菜放在阴凉通风的地方晾干，之后用保鲜袋装好，放入冰箱保鲜，可储存3~4天。

烹 烹饪技巧

　　木耳菜适宜素炒，要用旺火快炒，炒的时间长了易出黏液，并且不宜放酱油。木耳菜也可以用来做汤。

食用宜忌

　　一般人群都可食用，高血压、肝病、便秘患者可以多食，极适宜老年人食用。孕妇及脾胃虚寒者慎食。

食 推荐食谱

凉拌木耳菜

原料：
木耳菜120克，玉米粉50克，蒜蓉10克，鸡粉2克，盐2克，芝麻油适量。

做法：
❶ 取一个大容器，倒入处理好的木耳菜；
❷ 加入芝麻油、玉米粉，搅拌均匀；
❸ 电蒸锅注水烧开，放入木耳菜，盖上锅盖，调转旋钮定时5分钟，加调料拌匀即可。

油麦菜

学名：Lactuca sativa L.

分类：莴苣属

原产地：中国

鲜嫩清香的蔬菜 "凤尾"

油麦菜属菊科，是以嫩梢、嫩叶为产品的尖叶型叶用莴苣，叶片呈长披针形，它的长相有点像莴笋的"头"，叶细长平展，笋又细又短。它的色泽淡绿、长势强健，抗病性、适应性强，质地脆嫩，口感极为鲜嫩、清香，有"凤尾"之称。

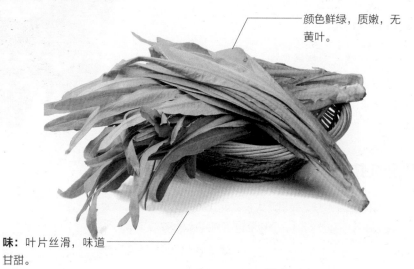

颜色鲜绿，质嫩，无黄叶。

味： 叶片丝滑，味道甘甜。

营 营养与功效

油麦菜的营养价值比生菜高，更远远优于莴笋，主要特点是矿物质丰富。并含有甘露醇等有效成分，有利尿和促进血液循环的作用。

选 选购妙招

挑选油麦菜的时候不要只看大的，其实小的油麦菜更加嫩一些，因为菜邦也会少些。颜色是浅绿色，没有黄叶的，叶子很平整，没有薹的为佳。

储 储存方法

将油麦菜洗干净后，用纸包好，直接放入冰箱即可。油麦菜不宜长期存放，应尽快食用。油麦菜对乙烯极为过敏，储藏时应远离苹果、梨和香蕉，以免诱发赤褐斑点。

盛产期：6、7月份

| 1 | 2 | 3 | 4 | 5 | 6 | 7 | 8 | 9 | 10 | 11 | 12 （月） |

（整年）

国产·输入

国产

烹饪技巧

油麦菜炒的时间不能过长，断生即可，否则会影响成菜脆嫩的口感和鲜艳的色泽。而且海鲜酱油、生抽不能放得太多，否则成菜会失去清淡的口味。

食用宜忌

一般人皆可食用，胃炎、泌尿系统疾病患者不宜多吃；油麦菜性质寒凉，尿频、胃寒的人应少吃。

推荐食谱

蒜蓉油麦菜

原料：

油麦菜220克，蒜末少许，盐、鸡粉各2克，食用油适量。

做法：

1. 洗净的油麦菜由菜梗处切开，改切条形，备用；
2. 用油起锅，倒入蒜末，爆香；
3. 放入油麦菜，用大火快炒，注入少许清水，炒匀；
4. 加入少许盐、鸡粉；
5. 翻炒至食材入味；
6. 关火后盛出炒好的菜肴，装入盘中即可。

油麦菜品种

TOP ❶ 四季油麦菜

株高30厘米左右，开展度25厘米左右。品质细嫩，生食清脆爽口，熟食具有香味，耐寒、耐热性较强，生长周期约70天，一年四季均可栽培，是深受欢迎的叶菜。

TOP ❷ 翠香油麦菜

该品种属高产品种，长势旺，特抗病。颜色鲜艳油绿，质地脆嫩，香味特浓，茎叶均可食用。全国各地均可种植，长江以南部分地区可四季栽培。

TOP ❸ 香油麦菜

株高30厘米左右，开展度25~30厘米，叶披针形，长30厘米，宽5~6厘米，叶绿色，品质细嫩，生食清脆爽口。熟食具有香米型香味。耐寒、耐热性均比较强，生食周期约70天。

TOP ❹ 紫油麦菜

国外引进的油麦菜品种，紫红色，是以嫩梢、嫩叶为产品的尖叶型叶用莴苣。株有叶15~17片，叶椭圆形，叶色深绿，叶全缘，叶柄肥厚，浅绿色。

枸杞叶

学名：Foliis medlar

分类：枸杞属

原产地：华北

预防动脉硬化的"地仙"

枸杞属灌木或大灌木，生于沟岸及山坡或灌溉地埂和水渠边等处，野生和栽培均有。枸杞叶是枸杞的嫩茎梢和嫩叶，既是一种蔬菜，也是一种营养丰富的保健品。枸杞叶又称为"地仙"，一般当作药材使用，长期使用也不会有副作用。

叶菜呈深绿色，质地较硬实。

味：香味较浓，略有涩味。

营 营养与功效

枸杞叶的营养价值不比枸杞子低，枸杞叶除了具有枸杞子果实全有的营养价值外，还有甜菜碱和枸杞叶蛋白素，对肝脏内毛细血管所积存毒素的清理有着特殊的作用。

盛产期：3～6月份

国产·输入

选 选购妙招

宜选择叶片茂密，菜梗粗壮，叶子大小相似的枸杞叶。以菜叶呈深绿色、菜味较浓者为佳。

储 储存方法

枸杞菜洗净后保鲜膜包裹冷藏。

烹 烹饪技巧

枸杞嫩苗能炒菜、泡茶、煮粥、作羹，可清火明目、治疗阴虚内热、肝火上升、头晕目糊等症。

食用宜忌

服用枸杞菜时暂停饮用牛乳和其他乳制品。

食 推荐食谱

枸杞叶蛤蜊粥

原料：
鲜枸杞叶 100 克，蛤蜊肉 15 克，大米 250 克，盐、鸡粉各 1 克。

做法：

❶ 砂锅中注入适量清水烧热，倒入洗好的大米；

❷ 盖上盖，用大火煮开后转小火煮 40 分钟至大米熟软；

❸ 揭盖，倒入洗好的蛤蜊肉、枸杞叶，拌匀；

❹ 盖上盖，用小火煮 15 分钟至食材熟透，加入少许盐、鸡粉，拌匀调味，关火后盛出煮好的粥即可。

荠菜

学名：Capsella bursa ~ pastoris (Linn.) medic.

分类：荠属

原产地：中国

缓解夜盲症的"春蔬第一鲜"

荠菜别名护生草，南京人又称其磕头菜，是十字花科植物，全株皆可食用。荠菜富含钙，有利尿、止血、清热以及改善高血压、产后出血症状的作用。另含有丰富的磷、铁、蛋白质和维生素C，能有效改善血管不顺畅、加速愈合溃疡性的伤口以及退热的作用。荠菜口味甘润，能润脾胃、利水，能改善水肿、眼睛疼痛；尤其产妇要去除寒气，荠菜更有特殊疗效。

叶片小且薄，叶色淡。

味：香味清淡，入口略微甘甜。

营 营养与功效

荠菜的营养价值丰富，荠菜所含的橙皮甙能够消炎抗菌，有增强体内维生素C含量的作用；还能抗病毒，预防冻伤，并抑制眼晶状体的醛还原酶，对糖尿病性白内障病人有疗效。

盛产期：春季

国产·输入

国产

选 选购妙招

蔬菜市场上有两种荠菜：一种是尖叶种，即花叶荠菜，叶色淡，叶片小而薄，味浓，粳性；另一种是圆叶种，即板叶荠菜，叶色浓，叶片大而厚，味淡。11月~2月为最佳消费期。市场选购以单棵生长的为好，轧棵的质量差。红叶的香味更浓，风味更好。

储 储存方法

荠菜摘去黄叶老根，洗干净后，用开水汆烫一下，待颜色变得碧绿后捞出，沥干水分，按每顿的食量分成小包放入冷冻室，随取随吃。

烹 烹饪技巧

荠菜吃法亦多样，荤素烹调皆可点缀餐桌。如清炒、煮汤、凉拌、包饺子、作春饼及豆腐丸子等，清香可口，风味独特。最好不要加蒜、姜、料酒来调味，以免破坏荠菜本身的清香味。

食用宜忌

荠菜可宽肠通便，故便溏者慎食。

食 推荐食谱

西蓝花荠菜奶昔

原料：
西蓝花 150 克，荠菜 100 克，柠檬半个，鲜奶 240 毫升。

做法：
❶ 将西蓝花洗净，切块；
❷ 将荠菜洗净，切小段；柠檬洗净，切片；
❸ 将所有材料倒入榨汁机内，搅打 2 分钟即可。

空心菜

学名：Ipomoea aquatica Forsk

分类：番薯属

原产地：中国

排毒抗病的"绿色精灵"

空心菜茎部中空，菜中的叶绿素有"绿色精灵"的美名，是一道适宜炎夏中食用的凉拌蔬菜，吃起来非常清凉爽口。富含膳食纤维和粗纤维，可促进肠胃蠕动，让肠子轻松排便；又含有大量的维生素 C，可帮助胆固醇的代谢，预防胆固醇过高；高血脂的患者平时可以多食用。

茎部较短，叶宽梗小，叶菜呈深绿色。

味： 叶肉脆嫩，口感清爽。

营 营养与功效

空心菜由纤维素、木质素和果胶等组成。空心菜中的粗纤维含量极为丰富，能加速体内有毒物质的排泄，提高巨噬细胞吞食细菌的活力，杀菌消炎，可以用作疮痬、痛疖等的食疗佳品。

选 选购妙招

挑选空心菜，以无黄斑、茎部不太长、叶子宽大新鲜的为佳，而且应买梗比较细小的、吃起来嫩一些的，如果气味太重，大多是刚喷药且上市不久的，不宜购买。

储 储存方法

空心菜买回家后，置于通风处约可存放1天。若想延长保鲜期，须先用报纸包裹，再放冰箱冷藏，可避免失水，可存放2~3天。

盛产期：全年

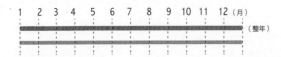

国产·输入

烹 烹饪技巧

空心菜过热容易变黄，烹调时要充分热锅，用大火快炒，不等叶片变软即可熄火盛出。因为加热的时间很短，茎部的老梗会生涩难咽，烹调前应先摘除。

食用宜忌

一般人群均可食用，尤其适宜于便血、血尿和鼻衄患者，对于爱美人士也是很好的食疗佳蔬。

食 推荐食谱

空心菜肉丝炒荞麦面

原料：

空心菜 120 克，荞麦面 180 克，胡萝卜 65 克，瘦肉丝 35 克，盐 3 克，鸡粉少许，老抽 2 毫升，料酒 2 毫升，生抽 3 毫升，水淀粉、食用油各适量。

做法：

❶ 胡萝卜切成丝,加入盐、生抽、料酒拌匀,淋入水淀粉;

❷ 锅中注水烧开,倒入荞麦面,用中火煮约 4 分钟捞出;

❸ 热锅注油,倒入瘦肉丝、空心菜梗,放入荞麦面,倒入胡萝卜丝、空心菜叶,翻炒片刻即可。

空心菜品种

TOP ❶ 青梗子蕹菜

湖南省地方品种，植株半直立，株高25~30厘米，开展度12厘米。茎为浅绿色，叶戟形，绿色，叶面平滑，叶柄浅绿色。

TOP ❷ 吉安蕹菜

江西省地方品种，植株半直立，茎叶茂盛，株高42~50厘米，开展度35厘米。叶大，心脏形，深绿色，叶面平滑，茎管状，绿色，中空有节。

TOP ❸ 白梗空心菜

茎粗大，黄白色，节疏，叶片长卵形，绿色，生长旺盛，分枝较少，品质优良，产量高。

TOP ❹ 泰国空心菜

由泰国引进，叶片竹叶形，呈青绿色，梗为绿色，茎中空，粗壮，向上倾斜生长。耐热耐涝，夏季高温多湿，生长旺盛，不耐寒。质脆，味浓，品质优良。

茼蒿

学名：Chrysanthemum coronarium L.
分类：茼蒿属
原产地：中国

鲜香脆嫩的"皇帝菜"

茼蒿又称同蒿、蓬蒿、蒿菜、菊花菜、瘦果棱。茎叶嫩时可食，可入药。在中国古代，茼蒿为宫廷佳肴，所以又叫皇帝菜。茼蒿有蒿之清气、菊之甘香。据中国古药书载：茼蒿性味甘、辛、平，无毒，有"安心气，养脾胃，消痰饮，利肠胃"之功效。

色泽鲜绿，茎小，叶片较短。

味：清甜，有淡淡的独特香味。

营 营养与功效

茼蒿含有许多可在体内发挥维生素A效力的 β～胡萝卜素。另外含有多种氨基酸，有润肺补肝、稳定情绪、防止记忆力减退等功效。

盛产期：1～5月，10～12月份

1 2 3 4 5 6 7 8 9 10 11 12（月）
（整年）

国产·输入

国产

选 选购妙招

茼蒿的盛产季节为早春，选购时，挑选叶片结实且绿叶浓茂的即可。全株完整，色泽鲜绿，茎不要太粗，叶片勿过长的比较柔嫩。

储 储存方法

冷藏前先用纸把茼蒿包裹起来，然后将根部朝下直立摆放在冰箱中，这样既可以保湿，又可以避免过于潮湿而腐烂；亦可快速冲洗再放入塑胶袋，将茎干朝下放进冰箱的蔬果室（最下层）。因放久会变黄，可以先氽烫过，再放入冰箱的冷冻库，能保存3天左右。

烹 烹饪技巧

茼蒿较好的烹饪方法是氽汤或凉拌。茼蒿中的芳香精油遇热易挥发，烹调时应以旺火快炒。氽烫或凉拌有利于胃肠功能不好的人。茼蒿与肉、蛋等荤菜共炒可提高其维生素A的利用率。

食用宜忌

一般人群均可食用，特别适合高血压患者、脑力劳动人士、贫血者、骨折患者。但茼蒿辛香滑利，胃虚腹泻者不宜多食。

食 推荐食谱

茼蒿黑木耳炒肉

原料：

茼蒿100克，瘦肉90克，彩椒50克，水发木耳45克，姜片、蒜末、葱段各少许，盐3克，鸡粉2克，生抽5毫升，水淀粉、食用油各适量。

做法：

❶ 肉片加盐、鸡粉、水淀粉、食用油腌渍约10分钟；
❷ 锅中注油，加盐、木耳、彩椒翻炒，放入姜片、蒜末、葱段，爆香，倒入肉片、茼蒿，加入盐、鸡粉、生抽，倒入水淀粉炒熟即可。

油菜

学名：Brassica campestris L.

分类：芸薹属

原产地：中国

幼嫩多汁的保健作物

油菜是十字花科植物油菜的嫩茎叶，原产于中国，颜色深绿，帮如白菜，属十字花科白菜的变种。南北广为栽培，四季均有供产。油菜的营养与功效丰富，叶片幼嫩且多汁，食疗价值高，可称得上诸种蔬菜中的佼佼者。

全株油绿，
叶片较圆小。

味：口感软糯，质嫩
多汁。

营 营养与功效

油菜含有大量胡萝卜素和维生素C，有助于增强机体免疫能力。油菜所含钙量在绿叶蔬菜中为最高，一个成年人一天吃500克油菜，其所含钙、铁、维生素A和维生素C即可满足人体需求。

盛产期：春季

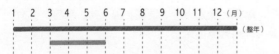

国产·输入

选 选购妙招

矮萁的品质较好，口感软糯；长萁的品质较差，纤维多，口感不好。叶色淡绿的叫作"白叶"，叶色深绿的叫作"黑叶"。白叶的品种质量好，黑叶品种质量差。叶片用两指轻轻一掐即断者为佳品。全株油绿不枯黄，叶片圆圆小小的较为鲜嫩，茎能折断者为佳。

储 储存方法

购买不宜过量，置于阴凉处保存，可保存1～2天。买回家若不立即烹煮，可用报纸包起，放入塑胶袋中，在冰箱冷藏室中保存。如果冷藏，一定要定期清理冰箱，并且冷藏不超过3日。用喷雾器将全株喷湿，装入塑胶袋，根部朝下放进冰箱的蔬果室。因为容易变黄，所以要尽快食用，烹煮前只要将根部泡入冷水，就会恢复原来的鲜嫩。

食用宜忌

孕妇不宜多吃，过夜的熟油菜不宜吃，易造成亚硝酸盐沉积，引发癌症；目疾患者、狐臭等慢性病患者不宜多食。

烹 烹饪技巧

食用油菜时要现做现切，并用旺火爆炒，这样既可保持鲜脆，又可使其营养与功效不被破坏。

食 推荐食谱

清凉苹果油菜柠檬汁

原料：
苹果1个，油菜100克，柠檬1个，冰块少许。

做法：
❶ 把苹果洗净，去皮、核，切块；油菜洗净，柠檬切块；
❷ 把柠檬、苹果、油菜榨成汁；
❸ 将果菜汁倒入杯中，再加入冰块即可。

油菜品种

TOP ❶ 日本四季青

植株丛生直立，株高30～50厘米，管状，叶青绿色，根茎长约占全株的四分之一。鳞茎不膨大，略粗于葱白，抗逆性强，既耐热又耐寒，四季不凋。

TOP ❷ 矮箕苏州青

本品种属苏州地方品种，属青帮绿叶菜型，全年生产，生长速度快，株高20厘米左右，叶梗呈匙形，叶深绿色，基部无裂片，心叶微皱。叶梗肥厚，淡绿色，单株重500克左右。

TOP ❸ 南京矮脚黄

株型直立，株高28~30厘米，叶片翠绿，近圆形，叶柄深阔而短，白玉色。叶片和叶柄均较宽且厚。质地脆嫩多汁，味甜，易煮烂，食用品质好。

TOP ❹ 上海青

上海青的特点就在于长的"光明磊落"，每一片叶都是碧绿，每一片叶在生长期都完成了叶绿素的光合作用。在亚热带及温带都有分布，在中国到处可见。

TOP ❺ 黑大头

植株直立，束腰，株高25厘米左右。开展度27.5厘米左右，叶片卵圆形，全缘，墨绿色，叶面平滑，叶柄半圆，灰绿色，较耐寒，质嫩味鲜，幼苗时可做鸡毛菜。

TOP ❻ 青抗一号

青抗一号是青梗类型小白菜新品种，现已成为常州市秋冬小白菜的主栽品种。叶椭圆形，叶片肥厚，叶色绿，随气温降低，叶色转为深绿色，叶脉清晰。

TOP ❼ 绿峰青梗菜

青梗菜，是上海小白菜的一种，又叫小棠菜。株型直立，头大束腰。叶梗长比为2：3。单株重550克左右。外形美，耐热、耐寒、耐虫。

TOP ❽ 上海五月慢

精选品种优良，是解决4~5月春淡的主要叶菜品种。叶色深绿，叶柄肥厚，呈青绿色，叶脉粗。单株重0.6~0.7千克，生长势旺，耐寒性强，品质佳。

Chapter 3

花菜类

花菜类是指以菜的花部作为食用部分的蔬菜，富含蛋白质、脂肪、碳水化合物、膳食纤维、维生素及矿物质，不仅营养丰富，保健功效也很显著。在花菜类的蔬菜中，最常见的有花菜、西蓝花、黄花菜等。

韭薹

学名：Leek bait
分类：葱属
原产地：中国

生津开胃的"壮阳草"

韭薹原指夏秋季节韭白上生出的白色花簇，市场上和民间则指花簇连同薹茎的整个部分，又称韭菜薹、韭菜花，是以采食其幼嫩花茎为主的一类韭菜。花薹长而粗，形似蒜薹，品质鲜嫩，营养丰富，风味甚佳，深受欢迎。

表面有一层淡淡的白粉，花枝头白而嫩绿色。

味：鲜嫩多汁，富有嚼劲。

营 营养与功效

韭薹含大量维生素 A 原，有润肺、护肤、防治风寒感冒及夜盲症之功。韭薹不仅是美味佳蔬，而且也有较高的药用价值。

选 选购妙招

如果韭薹的表面有一层淡淡的白粉，花枝头呈白而嫩绿色，折断处齐整就是稚嫩的韭薹。如果韭薹表面没有白粉质，整条菜花从头到尾都是绿色，折断处凹下不整齐的就是老的韭薹。

储 储存方法

韭薹属实心茎菜类，故耐贮存，放在通风干燥处，常温下一星期内不易变质。将韭薹用保鲜袋装好，可将袋口扎紧，放在冰箱冷藏室储存。

盛产期：秋季

1	2	3	4	5	6	7	8	9	10	11	12	(月)

(整年)

国产·输入

国产

烹 烹饪技巧

食用方法多种多样，可炒食、生拌、煮汤、馅食、腌渍。炒制韭薹，入锅后应大火快炒至熟，若加热的时间太长，就失去了其爽脆的口感。多在欲开未开时采摘，磨碎后腌制成酱食用。

食用宜忌

一般人群均可食用韭薹。患有风寒感冒、夜盲症、阳痿、遗精、早泄、噎膈、等症患者可多食韭薹。

食 推荐食谱

香辣韭薹炒肉丁

原料：

韭薹 200 克，猪肉 100 克，青椒 50 克，油、盐各适量。

做法：

❶ 将韭薹、青椒、猪肉分别洗净；

❷ 将韭薹切段，青椒切丝，猪肉切成肉丁；

❸ 锅里放油热后下入猪肉翻炒；

❹ 再倒入青椒、韭薹翻炒；

❺ 炒匀后加入适量的盐，炒熟后装盘。

韭薹品种

TOP ❶ 春寒 801

春寒801早韭薹，是河南商丘地区农科所培育以产韭薹为主兼产青韭的珍稀品种。主要优点：薹叶兼用，该韭株高50厘米，薹高55厘米，叶宽而肥厚，薹长而粗壮，叶薹品质均佳味鲜美。

TOP ❷ 顶丰四季韭薹

该品种以抽薹为主，同时兼顾收割少量青韭。保护地栽培抽薹早，产薹期长。通常2天可采收一次，韭薹鲜嫩肥壮，品质优良。

TOP ❸ 四季韭薹

叶、薹兼用型韭菜品种，以抽薹为主，可兼顾收割青韭。韭薹粗0.5厘米，长45厘米左右。采收期从2月中旬至10月下旬，采收期8个月左右，应市期6个月左右。

TOP ❹ 韭薹王

韭薹长而粗壮，4月~10月中旬可连续抽薹。利用保护地栽培，可提早到2月下旬抽薹。每隔2~3天可采薹1次。薹高50厘米，最大单薹重15克以上。

黄花菜

学名：Hemerocallis citrina
分类：萱草属
原产地：中国、西伯利亚、日本和东南亚

性味甘凉的"席上珍品"

黄花菜为百合科萱草属植物花蕾干制品的统称，我国南北各地均有栽培，多分布于中国秦岭以南各地，黄花菜是人们喜吃的一种传统蔬菜，因其花瓣肥厚，色泽金黄，香味浓郁，食之清香、鲜嫩、爽滑如同木耳、草菇，且营养价值高，被视作"席上珍品"。

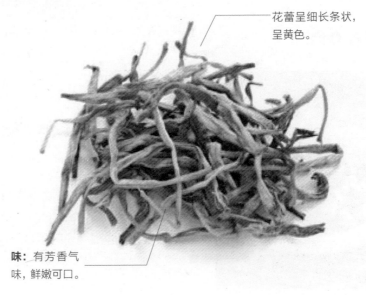

花蕾呈细长条状，呈黄色。

味：有芳香气味，鲜嫩可口。

营 营养与功效

黄花菜有较好的健脑、抗衰老功效，是因其含有丰富的卵磷脂，这种物质是机体中许多细胞，特别是大脑细胞的组成成分，对增强和改善大脑功能有重要作用。

选 选购妙招

最好的干黄花菜为蒸制晒干的黄花菜，颜色为金黄色或棕黄色，花嘴一般呈黑色；而用硫磺薰过或加入过量焦亚硫酸钠的黄花菜色呈嫩黄色或偏白，用手捏有粘手感。

储 储存方法

新鲜的黄花菜在自然环境中保存时间很短，当外部温度处于25℃～30℃时，两三天它就会发生变质，大家把它存入冰箱冷藏就可以延长它的保质期，能让它保存7天左右。

盛产期：春、秋季

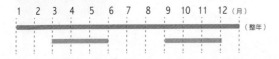

国产·输入

国产

烹 烹饪技巧

焯好的黄花菜捞出来泡在凉水里两小时，可以去除秋水仙碱。

食用宜忌

最好吃黄花菜干制品，因为它在生产加工过程中已经消除了有毒成分。

食 推荐食谱

凉拌黄花菜

原料：

水发黄花菜100克，红椒20克，大蒜适量，盐2克，鸡粉、辣椒油各适量。

做法：

❶ 红椒切丝，大蒜拍扁，切碎；

❷ 锅中注水烧开，加入盐、黄花菜，焯煮约2分钟至熟；

❸ 捞出黄花菜，沥干装盘，加入盐、鸡粉；

❹ 倒入红椒丝、蒜末；

❺ 淋入辣椒油即可。

黄花菜品种

TOP ❶ 马蔺黄花

花蕾长15厘米，顶端有黑紫色斑点，花瓣6片，长10厘米，花药黄色。筒部长4～5厘米，干菜身条较粗，肉质较薄。

TOP ❷ 短棒黑嘴黄花

花蕾长10厘米，筒部长2.5～3厘米。花蕾短而粗，嘴部有黑色斑点，花色淡黄，花为褐色。

TOP ❸ 线黄花

花蕾长10～12厘米。通身淡黄色，无黑嘴，花瓣6片，长7～8厘米，花药黄色。筒部长3～4厘米，干菜身条较细，肉质较厚。

TOP ❹ 高葶黄花菜

花蕾长13厘米，筒部长3厘米，嘴部无黑色斑点，花蕾黄色稍带翠绿色。

西蓝花

学名：Brassica oleracea L.var.italic Planch.

分类：芸薹属

原产地：产欧洲地中海沿岸的意大利一带

营养丰富的"蔬菜皇冠"

西蓝花属十字花科，是甘蓝的又一变种。原产于意大利，近年我国有少量栽培，主要供西餐使用。西蓝花起源于欧洲地中海沿岸，营养丰富，口感绝佳。西蓝花的品质要求：色泽深绿，质地脆嫩，叶球松散，无腐烂、无虫伤者为佳，且具有较高的营养价值，故被称为"蔬菜皇冠"。

果实饱满紧密，表面呈黄绿色。

味：性凉，味甘，肉质较硬。

营 营养与功效

西蓝花是含有类黄酮最多的食物之一，类黄酮除了可以防止感染，还是最好的血管清理剂，能够阻止胆固醇氧化，防止血小板凝结，因而减少患心脏病与中风的概率。

盛产期：春季

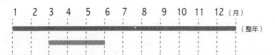

国产·输入

选 选购妙招

选购西蓝花以菜株亮丽、花蕾紧密结实的为佳；花球表面无凹凸，整体有隆起感，拿起来没有沉重感的为良品。

储 储存方法

用纸张或透气膜包住西蓝花（纸张上可喷少量的水），然后直立放入冰箱的冷藏室内，大约可保鲜1周左右。将西蓝花撕成小朵，浸泡在盐水中约5分钟，去除菜上的灰尘及虫害，再用水冲洗、沥干，放入滚盐水中烫熟，捞出凉干后可直接烹调或装入保鲜袋，放入冰箱冷冻保存。

烹 烹饪技巧

西蓝花虽然营养丰富，但常有残留的农药，还容易生菜虫，所以在吃之前，可将西蓝花放在盐水里浸泡几分钟，菜虫就跑出来了，还可去除残留农药。

食用宜忌

西蓝花与牛肝相克，牛肝中含有丰富的铜、铁离子，极易使维生素C氧化而失去原来的功效，所以两者不宜搭配食用。

食 推荐食谱

清炒时蔬

原料：

西蓝花100克，胡萝卜丝30克，荷兰豆、芥蓝、豌豆、蒜末、白芝麻各少许，盐、鸡粉各2克，食用油适量。

做法：

❶ 芥蓝洗净斜刀切片，西蓝花洗净切成小朵；

❷ 锅中注水烧开，倒入少许盐、食用油、荷兰豆、西蓝花、豌豆，煮1分钟，再放胡萝卜、芥蓝，煮半分钟捞出；

❸ 锅中注油，爆香蒜末，放入焯煮好的食材，炒片刻，加入盐、鸡粉、白芝麻炒匀即可。

TOP ❶ 绿王西蓝花

中熟品种，单球重约500克，长势旺，品质好，半圆形，主侧花球兼用，肥水多时易空心，高温多雨易出现满天星，霜冻易发紫色。

TOP ❷ 绿雄90

中晚熟品种，低温时花蕾仍保持青绿色，半球形且球面整齐，细蕾，单球重约450克，抗霜霉病，浙江7月中~9月初播，11月下~2月上中收获。

TOP ❸ 山水绿王西蓝花

中熟品种，长势旺盛，开展度大，单球重约500克，半圆形，花球紧密，蕾细，蓝绿色，耐寒性较差，但抗逆性强。

TOP ❹ 圣绿绿王西蓝花

中晚熟品种，长势旺，耐寒，单球重约500克，半圆形，细蕾，浓绿，不易空心，品质佳。

TOP ❻ 绿带子

中熟品种，单球重约500克，长势旺，品质好，半圆形，主、侧花球兼用。

TOP ❺ 曼陀绿

早熟品种，单球重400~500克，花球紧实，呈蘑菇状，颜色绿，花蕾细，空心率低，不耐冻。

TOP ❼ 未来绿

早熟品种，适合密植的直立型品种，花球蘑菇状，颜色较浓绿，形状饱满，商品性好，适合秋季栽培。

TOP ❽ 优秀绿

早熟品种，花球蘑菇状，顶端较突出，颜色深绿，单球重350~400克，花球紧实，花蕾细，商品性好。

历史悠久的明目蔬菜

芥蓝又名白花芥蓝，为十字花科芸薹属甘蓝类两年生草本植物，原产于中国南方，栽培历史悠久，是中国的特产蔬菜之一。芥蓝的菜薹柔嫩、鲜脆、清甜、味鲜美，是甘蓝类蔬菜中营养比较丰富的一种蔬菜，可炒食、汤食或作配菜。

芥蓝

学名：Brassica aloboglabra L. H. Bailey
分类：芸薹属
原产地：中国

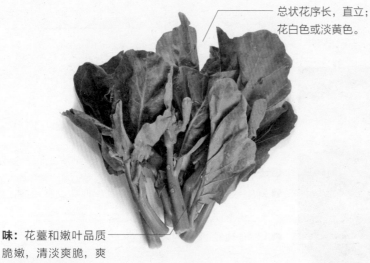

总状花序长，直立；花白色或淡黄色。

味：花薹和嫩叶品质脆嫩，清淡爽脆，爽而不硬，脆而不韧。

营 营养与功效

芥蓝中含有丰富的硫代葡萄糖苷，它的降解产物叫萝卜硫素，是迄今为止所发现的蔬菜中最强有力的抗癌成分。经常食用芥蓝，有助于防癌抗癌。

选 选购妙招

挑选芥蓝不要选茎太粗的，否则容易老。最好挑节间较疏，薹叶细嫩浓绿，无黄叶的为佳。

储 储存方法

采后的芥蓝不要过水，这是保持菜薹柔软爽口的关键；芥蓝的叶片有特殊蜡层，田间要防好病虫，采后不需进行防腐处理。

盛产期：2～5月份

| 1 | 2 | 3 | 4 | 5 | 6 | 7 | 8 | 9 | 10 | 11 | 12 | (月) |

（整年）

国产·输入

国产

烹 烹饪技巧

芥蓝味道微带苦涩，炒前最好加少许糖和酒，能更好地中和口感，另外还可用沸水焯熟作凉拌菜。

食用宜忌

吃芥蓝的前提是要适量，量不应太多，也不应太频繁食用。

食 推荐食谱

蒜蓉炒芥蓝

原料：

芥蓝 150 克，蒜末少许，3 克盐，鸡粉少许，水淀粉、芝麻油、食用油各适量。

做法：

❶ 锅中注入适量清水烧开，加入少许盐、食用油，略煮一会儿倒入切好的芥蓝，搅散，焯煮约 1 分钟；

❷ 用油起锅，撒上蒜末，爆香，倒入芥蓝，炒匀炒香，注入清水，加入盐，撒上鸡粉，炒匀调味，再用水淀粉勾芡，滴上芝麻油，炒匀炒透即可。

芥蓝品种

TOP ❶ 佛山中迟芥蓝

广州引进品种。植株较高，生长势强，分枝力强，叶片椭圆形，平滑。主薹较长而肥大，花球较大，主花薹重50~200克，质脆嫩，纤维少。

TOP ❷ 幼叶早芥蓝

为广州农家品种。植株的叶片为卵圆形，深蓝绿色，叶面平滑，多蜡粉，主薹中等高，花白色，花球紧密。主薹重30~50克，质地爽脆。

TOP ❸ 台湾中华芥蓝

株高约30~35厘米。基叶卵圆形，有蜡粉。主薹茎粗，茎叶长卵圆形，主花薹重80~150克。侧花薹萌发力中等。

TOP ❹ 柳叶早芥蓝

柳叶早芥蓝为广州引进品种。植株较直立，叶片长卵形，灰绿色，主薹较弱，生长势中等，品质细嫩而脆。从播种至初收60天左右，延续采收30~40天。

清热解毒的"鸳鸯藤"

金银花，因为一蒂二花，两条花蕊探在外，成双成对，形影不离；状如雄雌相伴，又似鸳鸯对舞，故有"鸳鸯藤"之称。金银花自古被誉为清热解毒的良药。性寒气芳香，甘寒清热而不伤胃，芳香透达又可祛邪。金银花既能宣散风热，还善清解血毒，用于各种热性病，对身热、发疹、发斑、热毒疮痈、咽喉肿痛等症均效果显著。

花质嫩，色泽鲜艳。

味： 干品清甜微香，泡开有花香味。

金银花

学名：Lonicera Japonica
分类：忍冬属
原产地：中国

营 营养与功效

主治胀满下疾、温病发热、热毒痈疡和肿瘤等症。对于头昏头晕、口干作渴、多汗烦闷、肠炎、菌痢、麻疹、肺炎、乙脑、流脑、急性乳腺炎、败血症、阑尾炎、皮肤感染、痈疽疔疮、丹毒、腮腺炎、化脓性扁桃体炎等病症均有一定疗效。

盛产期：秋季

国产·输入

选 选购妙招

看金银花的茶色是否良好，有无发黑或者发霉的情况；其次，包装袋里金银花的成分是否够纯正，有无加入一些幼蕾或者叶子，另外袋子里面的杂质是否很多；看生产日期，刚刚加工出来的比较好，没有被挤压，袋子里面的粉碎花茶就比较少，冲泡的时候浮在水上的杂质就不多。

储 储存方法

晒干后放到干燥、通风、避光处，或杀菌密封保存；或密封冷藏，只要把温度降到 20℃即可。如果放在常温的露天下很容易生虫发霉，所以如果是堆积着的一定要隔时翻动、喷药和晒太阳。

食用宜忌

平素脾胃虚寒、腹泻便溏以及阴寒脓肿、慢性骨髓炎、慢性淋巴结核、阴疽等病症患者要忌食。

烹 烹饪技巧

对于冲泡茶胚特别细嫩的金银花茶，取金银花茶 2~3 克入杯，不要多放，不然会有副作用。用初沸开水稍凉至 90℃左右冲泡，随即盖上杯盖。

食 推荐食谱

金银花茶

原料：
金银花适量，开水适量。

做法：
❶ 把金银花放入杯子内加入少量开水；
❷ 杯子盖上盖子摇摇洗一下茶，再把水倒出；
❸ 再加入适量的开水泡开。

陈香扑鼻的传统名花

桂花是中国传统十大名花之一，集绿、美、香于一体的观赏与实用兼备的优良园林树种，桂花清可绝尘，浓能远溢，堪称一绝。尤其是仲秋时节，丛桂怒放，夜静轮圆之际，把酒赏桂，陈香扑鼻，令人神清气爽，被视为传统名花。

桂花

学名：Osmanthusfragrans
分类：木樨属
原产地：中国

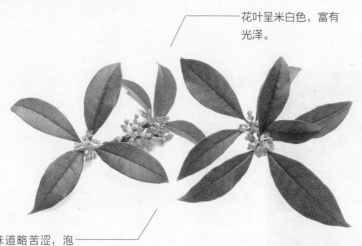

花叶呈米白色，富有光泽。

味：味道略苦涩，泡开有清香。

营 营养与功效

桂花中所含的芳香物质，能够稀释痰液，促进呼吸道痰液的排出，具有化痰、止咳、平喘的作用。桂花馨香，能祛除口中异味，并有杀灭口中细菌的功效，是口臭患者的食疗佳品。

选 选购妙招

看干桂花颜色和大小，花色均匀、大小一致的为佳；带有杂质或者是花朵不完整、碎屑多者次之。好的干桂花，气味清香，闻之心旷神怡。

储 储存方法

可以将干净的桂花晾干之后，用蜂蜜或糖腌制，先将桂花放到太阳下晒干，然后将其包起来，不要留空气。单独放在一个罐子里，然后里面放一些干燥剂。先浸泡后再腌制。

盛产期：8月份

1	2	3	4	5	6	7	8	9	10	11	12	(月)

(整年)

国产·输入

国产

烹 烹饪技巧

　　第二次煮沸后的桂花不宜碰到生水，否则容易变质。煮桂花的时间不宜过长，不然成品颜色较深。桂花与白砂糖的比例不宜超过1∶3，否则口感可能会偏酸。

食用宜忌

桂花辛温，体质偏热，火热内盛者慎食。

食 推荐食谱

桂花豆浆

原料：

水发黄豆50克，桂花少许。

做法：

❶ 取豆浆机，倒入洗净的桂花、黄豆；

❷ 注入适量清水，至水位线即可；

❸ 盖上豆浆机机头，选择"五谷"程序，再选择"开始"键，待豆浆机运转约20分钟，即成豆浆；

❹ 断电后取下机头，把豆浆倒入滤网中，滤取豆浆，待稍凉后即可饮用。

桂花品种

TOP ❶ 丹桂

秋季开花，花色较深，花呈橙色、橙黄、橙红至朱红色。有朱砂丹桂、大叶丹桂、小叶丹桂、齿丹桂等品种。

TOP ❷ 金桂

秋季开花，花呈柠檬黄淡至金黄色。品种有大花金桂、大叶黄、潢川金桂、晚金桂、圆叶金桂、咸宁晚桂、球桂、圆辨金桂、柳叶苏桂、金师桂、波叶金桂等品种。

TOP ❸ 四季桂

四季开花，植株较矮而萌蘖较多，花香不及银桂、金桂、丹桂浓郁，每年多次或连续不断开花，花呈柠檬黄或浅黄色。

TOP ❹ 银桂

秋季开花，花色纯白、乳白、黄白色或淡黄色，品种有宽叶籽银桂、柳叶银桂、硬叶银桂、籽银桂、九龙桂、早银桂、晚银桂、白洁、纯白银桂、青山银桂等品种。

Chapter 4

瓜果类

瓜果类蔬菜大部分是夏秋季节上市的，在绿叶菜较少的季节，是矿物质与维生素的重要来源。瓜果类蔬菜含有大量的水分，可占70%～80%，因此热量相对较低。部分瓜果类蔬菜中含有丰富的维生素C及胡萝卜素，是爱美人士的首选食品。

玉米

学名：Zea mays Linn. Sp.

分类：玉蜀黍属

原产地：拉丁美洲的墨西哥和秘鲁一带

可延缓衰老的"黄金作物"

目前我国播种面积在3亿亩左右，仅次于稻、麦，产量在粮食作物中居第三位，在世界上仅次于美国。玉米味道香甜，可做各式菜肴，它也是工业酒精和烧酒的主要原料。玉米是一般人常吃的普通食粮，而保健功能却是众多食物中的最优选，能延缓衰老，有营养学专家将玉米视为"黄金食物"。

表面呈金黄色，
果实饱满坚硬，
水分含量多。

味：香甜味美，汁多
味浓。

营 营养与功效

玉米中含的硒和镁有防癌抗癌作用，硒能加速体内过氧化物的分解，使恶性肿瘤得不到分子氧的供应而受到抑制，镁一方面也能抑制癌细胞的发展，另一方面能促使体内废物排出体外，这对防癌也有重要意义。

盛产期：夏季

| 1 | 2 | 3 | 4 | 5 | 6 | 7 | 8 | 9 | 10 | 11 | 12 | (月) |

(整年)

国产·输入

国产

选 选购妙招

　　轻轻地压玉米头、尾，若是压下时感觉软软的，则表示玉米可能授粉不完全、发育不好，能食用的部分较少。

储 储存方法

　　玉米受潮易发霉，产生黄曲霉素有害物质，保存应置于阴凉干燥处。剥去玉米外层的苞片，留下3层玉米的苞片，不必摘去玉米须，更不必清洗。放入保鲜袋或塑胶袋中，封好口，放入冰箱冷冻库里保存。

烹 烹饪技巧

　　煮玉米最好不要"裸煮"，即把皮剥干净。可以把表层的绿色叶子剥掉，留下最贴近玉米粒的白色那层"衣"。连着"衣"一起水煮，能够保持住玉米原有的水分，并且能够让口感更加水嫩。

食用宜忌

　　患有干燥综合征、糖尿病、更年期综合征且属阴虚火旺之人不宜食用爆玉米花，否则易助火伤阴。另外玉米发霉后会产生致癌物，所以发霉玉米绝不能食用。

食 推荐食谱

奶油玉米

原料：

黄油 10 克，玉米粒 200 克，枸杞少许，白糖 2 克。

做法：

❶ 锅置火上，放入黄油，烧至溶化；

❷ 倒入备好的玉米粒，注入少许清水，翻炒片刻，煮 3 分钟至熟；

❸ 加入少许白糖，煮至溶化，关火后将炒好的玉米盛入盘中，撒上枸杞即可。

TOP ❶ 草莓玉米

草莓玉米是普通玉米的变异品种（并不是转基因），株高仅100厘米左右，三个多月即可结果，果为紫红色，小巧可爱呈椭圆形，酷似草莓，极具观赏性。其果实甜度高，营养价值高，完全可生食。

TOP ❷ 水果玉米

水果玉米是适合生吃的一种超甜玉米，青棒阶段皮薄、汁多、质脆而甜，可直接生吃，薄薄的表皮一咬就破，清香的汁液溢满齿颊，生吃熟吃都特别甜、脆，像水果一样，因此被称为"水果玉米"。

TOP ❸ 味可美

味可美是一种超甜水果玉米，由美国引进的杂交品种，口感独特，甜度较高。是水果玉米中的一个不错的品种。

TOP ❹ 江南花糯

"江南花糯"系江苏省农科院粮作所于1997年育成的糯玉米新品种，2001年通过江苏省品种审定委员会审定。该品种肉质厚、糯性强、香味浓、外观美、不易与普通玉米混淆，深受消费者青睐。

TOP ❺ 嫩白玉米

早熟品种，从出苗到采收青穗75~80天，穗长15~20厘米，粒行数12~16行，粒呈白色，青食可烧烤可煮，成熟后可制面食用，口感好。

TOP ❻ 黑玉米

玉米棒和籽均为紫色，具有极高的酚化合物和花青素。

TOP ❼ 甜玉米

甜度高，其甜度约为普通玉米的2.5倍。

TOP ❽ 糯米玉米

和普通玉米相比，糯性强，黏软清香，甘甜适口，风味独特。

酸甜可口的水果蔬菜

番茄外形美观，色泽鲜艳，汁多肉厚，酸甜可口，既是蔬菜，又可作果品食用，食用价值、药用价值均很高。可以作为水果，也可以作为蔬菜，还能加工制成番茄酱、汁或整果罐藏。番茄是全世界栽培最为普遍的果菜之一。而今它却是人们日常生活中不可缺少的美味佳品，能补充大量人体需要的元素，可制成沙拉供人们品尝。

番茄

学名：Lycopersicon esculentum mill.
分类：番茄属
原产地：南美洲

茎部呈黑色，蒂部较圆，果皮呈鲜红色。

味：酸甜可口，有淡淡的香味。

營 营养与功效

番茄能防癌抗癌，延缓衰老。近年来，研究证实番茄中所含番茄红素具有独特的抗氧化作用，可清除体内的自由基，预防心血管疾病的发生，有效地减少胰腺癌、直肠癌、口腔癌、乳腺癌的发生，阻止前列腺癌变的进程。番茄还含有防癌抗衰老的谷胱甘肽，可清除体内有毒物质，恢复机体器官正常功能，延缓衰老。

盛产期：夏、秋

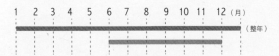

| 1 | 2 | 3 | 4 | 5 | 6 | 7 | 8 | 9 | 10 | 11 | 12 |（月）|

（整年）

国产·输入

国产

117

选 选购妙招

应选择蒂部圆润的番茄，不要有棱角，也不要挑选分量很轻的，顶部带尖的和茎部呈黑色的，这些都是经过催熟剂产生的。未成熟的含有龙葵素，多食会中毒。如果蒂部带着淡淡的青色，外皮还有淡淡的小白点点的就是最好的。

储 储存方法

将整个番茄放入冰箱冷藏即可。

烹 烹饪技巧

切番茄时如果处理不当，大量的番茄汁会流出来，导致水分和营养流失，只要仔细观察表面的纹路，把番茄的蒂放正，依照纹理小心的切下去就能使番茄的种子与果肉不分离；而且不会流汁，如果不着急下锅烹制，也可以将番茄先放入冰箱冻十分钟，然后拿刀切成片或者块，这样营养也不会流失。

食用宜忌

番茄性凉味甘酸，有清热生津、养阴凉血的功效，对发热烦渴、口干舌燥、牙龈出血、胃热口苦、虚火上升有较好的治疗效果。

食 推荐食谱

火腿番茄沙拉

原料：

火腿 2 片，大番茄 1 个，沙拉酱适量。

做法：

❶ 火腿切片摆盘；

❷ 大番茄洗净切片；

❸ 淋上沙拉酱即可。

TOP ❶ 大叶番茄

小叶形状大，数目少，无缺刻，形似马铃薯，所以俗称薯叶番茄，果实形状、茎及分枝亦与普通番茄相似。

TOP ❷ 荷兰圣女果

圣女果，又称小番茄，是一年生草本植物，属茄科番茄属，植株最高时能长到2米。在我国一年四季均可栽培，只不过在北方每年只生长一季，其余时间大棚种植，与露地栽培比起来，在口味上有很大差别。

TOP ❸ 梨形番茄

果小形如洋梨形，亦为二心室，有红、黄等色。生长健壮，叶小而色浓绿。

TOP ❹ 李形番茄

植株生长中强，茎高130~150厘米，叶中等大小，裂片缺刻深，花序单总状，较短，长8~10厘米。果形指数为1.5~2，子室2果重15~20克，果色有红、黄、粉红色等，种子少。

TOP ❺ 六月红

番茄植株高大，叶片多，果实可多次采收，对水分需要量很大，要求土壤湿度在65%~85%之间，一般在湿润的土壤条件下生长良好。

TOP ❻ 绿宝石

京农林科学院蔬菜研究中心最新选育绿熟特色一代杂交小番茄品种。无限生长性，中熟，果实圆球形，成熟果绿色透亮似绿宝石，单果重20克左右，果味酸甜浓郁，口感好，珍稀品种。

TOP ❼ 秘鲁番茄

为多年生葡匐性植物，茎易弯曲。表面平滑或带有丛密、短而白色绒毛或嫩黄色的茸毛，基部比顶端多。椭圆形或卵圆形。

TOP ❽ 直立番茄

茎粗而短，叶小而且厚实，叶色浓绿色。果实中等大小，茎带直立性。

TOP ❾ 千禧番茄

千禧樱桃番茄是一种植物，特征为植株长势极强，生长健壮，属无限生长类型。鲜食小果型杂交一代种。植株长势极强，生长健壮，属无限生长类型。风味甜美，不易裂果，产量高，采收期长。

TOP ❿ 桃太郎番茄

"桃太郎"番茄是笔者在日本中央农业实践大学留学归国时引进的，在辽北地区栽培多年，目前是当地温室与露地栽培的主栽品种，颇受生产者、消费者的欢迎。

TOP ⓫ 番茄

所有的普通番茄都是自交能孕和唯一可近亲交配的。野生樱桃番茄的柱头在开花时会伸出比花药圆锥体稍高一点，因此会有一小部分自然杂交。

TOP ⓬ 樱桃番茄

果小而圆，形如樱桃，二心室，植株强壮，茎细长，色淡绿，果实有黄色、红色等。

TOP ⓭ 长圆形番茄

植株生长中强，茎直立或蔓生，高为70厘米，其上被有茸毛，叶中到大，裂片卵形、全缘。果实重30~50克，有火红、粉红及深黄等颜色。

TOP ⓮ 串番茄

串番茄又名穗番茄，是近年来流行于国内外市场的一类成串收获上市的新型番茄品种，由于其商品性优良，深受消费者欢迎，栽培面积逐年扩大。

TOP ⓯ 契斯曼尼番茄

契斯曼尼番茄是番茄届第三个果实有色的品种，是唯一在加拉帕戈斯群岛上发现的，果实成熟时常为橙色。有些同型遗传小种色累含量少，果实成熟时为黄色或黄绿色。

多种功效的紫色蔬菜

茄子是为数不多的紫色蔬菜之一，也是餐桌上十分常见的家常蔬菜。它原产白印度，我国各地普遍有栽培，是夏季主要蔬菜之一。茄子能消除眼睛疲劳，恢复视力，含丰富的维生素P，是一种黄酮类化合物，有软化血管的作用。可增强体内抗氧化物质的活性，能预防高血压，防止动脉硬化。

茄子

学名：Solanum melongena L.

分类：茄属

原产地：亚洲热带

果皮呈紫色，颜色较暗淡，肉质紧实。

味：口感细嫩丝滑，味淡。

营 营养与功效

茄子含丰富的维生素P，这种物质能增强人体细胞间的附着力，增强毛细血管的弹性，减低毛细血管的脆性及渗透性，防止微血管破裂出血，使心血管保持正常的功能。

选 选购妙招

茄子以果形均匀周正、老嫩适度、无裂口、无腐烂、无锈皮、无斑点、皮薄、子少、肉厚、细嫩的为佳品。

储 储存方法

保存茄子绝对不能用水冲洗，还要防雨淋、防磕碰、防受热，并存放在阴凉通风处。保存茄子可以用保鲜膜包起来，放在冷藏室。新鲜的茄子可以存放在冰箱3~5天。

盛产期：5 ~ 11月份

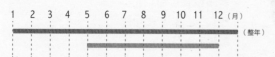

国产·输入

国产

烹 烹饪技巧

切开的茄子可用清水浸泡，烹制前再捞出来，这样可以防治茄子变黑。

食用宜忌

一般人群均可食用。茄子可清热解暑，对于容易长痱子、生疮疖的人尤为适宜。

食 推荐食谱

茄子饼

原料：

茄子1个，面粉100克，味精适量，植物油适量，蒜适量，花椒粉适量，朝天椒适量。

做法：

❶ 将茄子切丝，拌盐腌1刻钟，使其变软；

❷ 将大蒜拍成泥，辣椒切细丝与花椒粉、味精拌入茄丝中，再加适量面粉搅匀至上劲；

❸ 素油入锅烧热，把拌好的茄料搓圆成饼状，入锅中炸2分钟捞起装盘即可。

茄子品种

TOP ❶ 小圆茄子

此品种较少见，肉质结实，可用来腌渍或制作成茄子酱。

TOP ❷ 矮茄子

植株较矮，果实小，卵或长卵形。种子较多，品质劣，多为早熟品种，有济南一窝猴、北京小圆茄等。

TOP ❸ 长茄

植株长势中等，果实细长棒状，长达30厘米以上，皮色紫、绿或淡绿。耐湿热，中国南方普遍栽培，多数品种属中、早熟。有南京紫线茄、北京线茄、广东紫茄和成都黑茄等品种。

TOP ❹ 圆茄

植株高大，果实大，圆球、扁球或椭圆球形，皮色紫、黑紫、红紫或绿白。不耐湿热，中国的北方栽培较多。

清热解毒的凉拌料理

黄瓜

学名：Cucumis sativus L
分类：黄瓜属
原产地：中国

　　黄瓜，也称青瓜，属葫芦科植物，是由西汉时张骞出使西域带回中原的，又称为胡瓜。小黄瓜性凉，可生吃、熟食，凉拌以及腌制多种方式。含有丰富的钾盐、维生素A、B族维生素、维生素C以及糖类和多种矿物质，能生津解渴、清热、降暑气。生吃口感很爽脆，稍加点酱汁更好吃，很适合当作夏日凉拌料理。

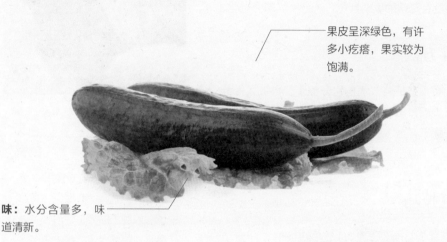

果皮呈深绿色，有许多小疙瘩，果实较为饱满。

味： 水分含量多，味道清新。

营 营养与功效

　　黄瓜中所含的丙氨酸、精氨酸和谷胺酰胺对肝脏病人，特别是对酒精性肝硬化患者有一定辅助治疗作用，可防治酒精中毒。

盛产期：春、夏季

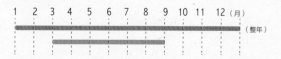

1　2　3　4　5　6　7　8　9　10　11　12　(月)
（整年）

国产·输入

国产

选 选购妙招

选择新鲜水嫩的、有弹力、深绿色、较硬、表面有光泽、带花、整体粗细一致的为佳。尾粗尾细、中央弯曲的变形小黄瓜，则属于营养不良的，口感不佳。选择瓜身挺直硬实的小黄瓜，新鲜的小黄瓜有疣状凸起，用手去搓会有刺痛感就是新鲜的黄瓜。选购时，可轻压有花蒂的尾端部位，若是松软即为老化。

储 储存方法

保存黄瓜，应将表面的水分擦干，再放入保鲜袋中，封好袋后冷藏即可。保存前，必须先将小黄瓜外表的水分擦干，放入密封保鲜袋中，袋口封好后冷藏即可。

食用宜忌

一般人群均可食用。热病患者、肥胖、高血压、高血脂、水肿、癌症、嗜酒者可以多食；脾胃虚弱、腹痛腹泻、肺寒咳嗽者都应少吃。

烹 烹饪技巧

吃煮黄瓜最合适的时间是在晚饭前，一定要注意，要在吃其他饭菜前食用。因为煮黄瓜具有很强的排毒作用，如果最先进入体内，就能把后来吸收的食物脂肪、盐分等一同排出体外。

食 推荐食谱

黄瓜丁干酪沙拉

原料：

黄瓜200克，沙拉酱1汤匙，干酪5克，葱2根。

做法：

❶ 黄瓜洗净，切片；

❷ 葱洗净，切细；

❸ 加入融化的干酪和沙拉酱即可。

TOP ❶ 荷兰小黄瓜

称为"迷你黄瓜"，植株蔓生，果实长约10厘米，果皮无棘，肉质香甜。因其表皮柔嫩光滑，色泽均匀，口感脆嫩，瓜味浓郁，可当水果生吃，因此又称为"水果黄瓜"，是市场上较为畅销的蔬菜、水果兼用品种。

TOP ❷ 欧盛2号油瓜

多种植于中国蔬菜之乡山东寿光，一般销往俄罗斯等国家。果实深绿色，微浅棱，光滑无刺；瓜条顺直，整齐均匀。果肉厚，产量高。

TOP ❸ 兴绿菜瓜

果肉未熟时为青白色，肉厚，腔小，是做酱菜的佳品；也可热炒、凉拌，脆嫩可口。成熟后果瓤橘红色，果肉食之香甜酥脆，单瓜重1~3千克。

TOP ❹ 早青二号

植株生长势强，分枝少，叶深绿色，叶片较厚，瓜色翠绿，有光泽，白刺、稀疏，瘤不明显，肉厚质脆，味清香，品质好。早熟，春季从播种到始收55天左右。

TOP ❺ 中农8号

中国农科院蔬菜花卉研究所育成的华北型黄瓜一代杂种。瓜条棒形，瓜把短，瓜皮色深绿、有光泽，无黄色花条斑，瘤小，刺密、白色，无棱，肉质脆、味甜，品质佳。

TOP ❻ 水果黄瓜F1

果实长约10厘米，果皮无棘，肉质香甜。从种植到收获约50天，结果多。家庭室内四季可播，各地可种植。抗病、抗热性好，产量高。

TOP ❼ 碧玉黄瓜

碧玉黄瓜是欧洲光皮水果型黄瓜一代杂种，强雌性，耐热性极强。温室吊绳栽培亩产5000~8000千克。

TOP ❽ 津春四号青瓜

津春4号黄瓜，植株生长势强，分枝多。叶片较大而厚、深绿色。肉厚，质脆、致密、清香，商品性好。早熟，生育期约80天，从播种至始收50天左右。

TOP ❾ 日本小青瓜

蔓生，主蔓结瓜为主，生长势强，抗病、耐热。瓜短棒形，瓜长20厘米，粗5厘米左右，瓜皮浅绿色，肉质脆嫩，清香，商品性好。

TOP ❿ 乳黄瓜

扬州地方品种。蔓长2.5～3米。瓜长8～14厘米，横径1.3厘米左右时采收，做"乳黄瓜"的腌制原料。

TOP ⓫ 新泰密刺

山东新泰地方品种。该品种生长势强，茎粗，主蔓结瓜，回头瓜也多。果实长25厘米左右，单瓜重250克左右。

TOP ⓬ 海阳白玉黄瓜

瓜条圆筒形，粗细均匀，长18厘米左右，单瓜重200克左右。瓜色浅白绿色，有光泽，无棱沟，刺瘤少，果肉白色，质脆，口味佳。

TOP ⓭ 早青二号

广东省农科院蔬菜所育成的华南型黄瓜一代杂种，生长势强。瓜圆筒形，皮色深绿，瓜长21厘米，销往港澳地区。

TOP ⓮ 粤秀1号黄瓜

广东省农科院蔬菜所育成的华北型黄瓜一代杂种。主蔓结瓜，瓜棒形，长33厘米，早熟，适宜春秋露地栽培。

TOP ⓯ 长春密刺

原是山东省新泰地方品种"小八杈"，果实长25～30厘米，横径3厘米左右，表皮深绿色，刺瘤小而密，刺白色，棱不明显。平均单瓜重约200克。

TOP ⓰ 园丰元6号青瓜

山西夏县园丰元蔬菜研究所生产，中早熟。瓜条直顺，深绿色，有光泽，瓜长35厘米，白刺，刺瘤较密，瓜把短，品质优良，产量高。

拥有独特辛香的"VC 王"

　　辣椒的果实通常呈圆锥形或长圆形，未成熟时呈绿色，成熟后变成鲜红色、黄色或紫色，以红色最为常见。一般都有辣味，主要供食用，也可以入药。辣椒中含有大量的维生素A、维生素C，能有效加强身体抵抗力，预防气候过于炎热导致津液流失过多，预防中暑、避免产生头晕现象。为防止维生素的流失，炒青椒时要使用大火快炒或油炸方式较合适。

辣椒

学名：Capsicum annuum L.
分类：辣椒属
原产地：墨西哥

果形完整，色鲜艳、有光泽，表皮光滑。

味： 肉厚质脆，味甜，含水分多，辣味强。

营 营养与功效

　　常吃青椒能预防胆结石，青椒含有丰富的维生素，尤其是维生素C，可使体内多余的胆固醇转变为胆汁酸，从而预防胆结石；已患胆结石者多吃富含维生素C的青椒，对缓解病情有一定作用。

盛产期：春、秋季

国产·输入

国产

选 选购妙招

挑选鲜辣椒时要注意果形与颜色应符合该品种特点，如颜色有鲜绿、深绿、红、黄之分。选择外皮紧实有光泽，且末端尖者。根据烹饪需要，如做泡菜宜选老熟红色果；而做鲜菜炒食宜选嫩果绿色者。甜椒应选表皮光滑，个大端正，无蛀洞，肉厚，质脆，味甜，含水分较多者。

储 储存方法

即将鲜红辣椒晾晒至水分全部失去，制成干辣椒储存。以储存一年半以内的为佳，时间太长即成空壳，特点是干辣。使用时还需加工，不论切段还是捣末，一经热油炸制即为香辣。

烹 烹饪技巧

辣椒是可以做主菜也可以做配菜或汤的，但是在夏季的时候应尽量用辣椒做配菜，并搭配具有降燥、滋阴、泻热等功效的食品。

食用宜忌

因辣椒辛热有毒，多食会引起神经系统损伤、消化道溃疡，甚至会引起细胞生化反应混乱而演变成肿瘤。

食 推荐食谱

辣椒酱牛蒡大秋刀鱼

原料：

牛蒡50克，辣椒酱1勺，秋刀鱼2条，盐适量。

做法：

❶ 秋刀鱼洗净，去骨，去头尾；

❷ 牛蒡洗净，切片；

❸ 秋刀鱼切小用盐、料酒、胡椒腌制10分钟；

❹ 牛蒡下油锅炸；

❺ 鱼块下油锅炸熟；

❻ 加入盐和辣椒酱，即可出锅。

TOP ❶ 羊角椒

其特点是皮薄、肉厚、色鲜、味香、辣度适中，其所含的辣椒素和维生素C居全国辣制品之冠。食用广泛且方便，可青食、红食、熟食，亦可鲜食、干食、炒食、炸食、腌食。

TOP ❷ 黄椒

黄椒，已有近300年的栽培历史。其株叶形与辣椒相近，果实成熟前青绿色，老熟果呈黄色，果实细长，约20~25厘米，单果重5~10克，一般亩产鲜黄椒1200千克左右。

TOP ❸ 七星椒

七星椒，产于四川省威远县，是国内最辣的辣椒之一，其辣度可达七星级，故名七星椒。具有皮薄肉厚、色鲜味美、辣味醇厚的特点。素以辣素重、回味甜而闻名。

TOP ❹ 青椒

其特点是果实较大，辣味较淡甚至根本不辣，做蔬菜食用而不作为调味料。由于它翠绿鲜艳，新培育出来的品种还有红、黄、紫等多种颜色，因此不但能自成一菜，还被广泛用于配菜。

TOP ❺ 甜椒

分枝性较弱，叶片和果实均较大。根据辣椒的生长分枝和结果习性，也可分为无限生长类型、有限生长类型和部分有限生长类型。

TOP ❻ 小辣椒

辣椒的一种，一般指朝天椒、小米椒，因其个体小，因此得名。未成熟时为淡绿色，成熟为橙黄色，干小米椒为红中带橙黄色，大红色的则不是该品种。

TOP ❼ 圆锥椒

主要有鸡心辣、黑弹头等。鸡心辣为云南、贵州地方品种，已有200多年的栽培历史，云南称为鸡心辣（状似鸡心），贵州称贵州小辣椒，遵义县已审定为遵椒二号。

TOP ❽ 长椒

株型矮小至高大，分枝性强。果肉薄或厚，肉薄者辛辣味浓，供干制、腌渍或制辣椒酱，如陕西的大角椒；肉厚者辛辣味适中，供鲜食，如长沙牛角椒。

南瓜

学名：Cucurbita moschata (Duch. ex Lam.)

分类：南瓜属

原产地：墨西哥到中美洲一带

性温味甘的老年保健食材

南瓜是葫芦科南瓜属的植物。因产地不同，叫法各异。又名麦瓜、番瓜、倭瓜、金冬瓜，台湾称为金瓜，原产于北美洲。南瓜性温味甘，富含胡萝卜素以及维生素C、维生素E；其中含锌量很高，常吃可以有效抑制癌细胞成长。

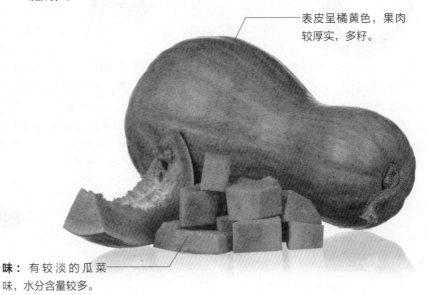

表皮呈橘黄色，果肉较厚实，多籽。

味：有较淡的瓜菜味，水分含量较多。

营 营养与功效

南瓜中含有人体所需的多种氨基酸，其中赖氨酸、亮氨酸、异亮氨酸、苯丙氨酸、苏氨酸等含量较高。此外，南瓜中的抗坏血酸氧化酶基因型与烟草中相同，但活性明显高于烟草，表明了在南瓜中免疫活性蛋白的含量较高。

盛产期：夏、秋季

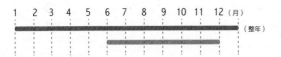

国产·输入

选 选购妙招

选购时，同样大小体积的南瓜，要挑选重量较为重的。购买已经切开的南瓜，则选择果肉厚，新鲜水嫩不干燥的。果皮具光泽、有些较绿或橙色，当瓜梗有萎缩状时，表示内部已完全成熟。以形状整齐、瓜皮有油亮的斑纹、无虫害为佳。

储 储存方法

一般南瓜放在阴凉处，可保存一个月左右。南瓜表皮干燥坚实，有瓜粉，能久放于阴凉处，且农药用量较少，所以可以用清水冲洗。若连皮一起食用，则以菜瓜布刷洗干净即可。

食用宜忌

南瓜性温，胃热炽盛者、气滞中满者、湿热气滞者少吃；患有脚气、黄疸、气滞湿阻病者忌食。属发物之一，服用中药期间不宜食用。

烹 烹饪技巧

南瓜适合蒸煮，最常见的是做南瓜盅。

食 推荐食谱

南瓜浓汤

原料：
南瓜 200 克，浓汤 150 毫升，配方奶粉 20 克，白糖 5 克。

做法：
❶ 南瓜切成小块，倒入杯中，倒入鸡汤，盖上盖，榨取南瓜鸡汤汁；
❷ 将南瓜鸡汤汁倒入碗中，汤锅中加入适量清水，倒入奶粉，搅拌一会至奶粉溶化，倒入南瓜鸡汤汁，加入适量白糖，持续搅拌约 2 分钟至沸腾，煮成浓汤；
❸ 把煮好的浓汤盛出，装入碗中即可。

TOP ❷ 红栗南瓜

果实橙红色扁圆形。果肉味甜质粉，品质好。单果重2千克左右。

TOP ❹ 锦栗南瓜

果实墨绿色扁圆形，有浅色斑。果肉橙黄色，肉质细密甜粉，品质好。单果重1.5千克左右。

TOP ❶ 早生赤栗

生长势强，连续坐果性好。果实扁圆形，果皮金红色，有浅黄色条纹。果肉橘黄，质粉味甜，品质极佳。单果重约1.5千克。

TOP ❸ 东升南瓜

叶片颜色深绿。嫩果圆形皮色黄，完全成熟后变为橙红色扁圆果，有浅黄色条纹。果肉金黄色，纤维少，肉质细密甜糯，品质优良，单果重1.2千克左右。

TOP ❻ 黄狼南瓜

上海市优良地方品种，又叫小闸南瓜。果皮橙红色，完全成熟后被蜡粉。果肉厚，肉质细腻，味甜品质好。

TOP ❽ 大磨盘南瓜

北京市优良地方品种。果实呈扁圆形，状似磨盘，横径30厘米左右，高约15厘米。嫩果皮色墨绿，完全成熟后变为红褐色，有浅黄色条纹，被蜡粉。果肉橙黄色，含水分少，味甜质面品质好。

TOP ❺ 迷你南瓜

迷你南瓜是经多年选育而成的一种既可食用又具有极佳观赏性的杂交微型小南瓜。栽培容易，生产成本低，很受菜农的欢迎。由于效益不错，正逐步成为设施栽培的主要品种之一。

TOP ❼ 蜜本南瓜

早熟杂交种，果实底部膨大，瓜身稍长，近似木瓜形，老熟果呈黄色，有浅黄色花斑。果肉细密甜糯，品质极佳。

TOP ❾ 小磨盘南瓜

早熟品种。果实呈扁圆形，状似小磨盘。嫩果皮色青绿，完全成熟后变为棕红色，有纵棱。果肉味甜质面，品质好，单果重2千克左右。

TOP ❿ 蛇南瓜

中熟品种，果实蛇形，种子腔所在的末端不膨大。果肉致密，味甜质粉，糯性强品质好。全生育期约100天。

TOP ⓫ 牛腿南瓜

晚熟品种，果实长筒形，末端膨大，内有种子腔。果肉粗糙，肉质较粉，单果重15千克左右。

TOP ⓬ 印度南瓜

单瓜重30~40千克，瓜肉厚9~10厘米。瓜外表皮为橘红色，色泽鲜艳。圆形或扁圆形，也有长圆形。口感绵香，无异味。中国各地均可种植。

TOP ⓭ 叶儿三南瓜

山东省平原县地方品种。茎蔓性，分枝性强。叶片较大，掌状五角形，早熟。瓜呈扁圆形，嫩瓜墨绿有黄白斑；老熟瓜棕黄色有肉色斑。瓜表面有明显白色深棱，有蜡粉。

TOP ⓮ 博山长南瓜

山东省淄博市博山区地方品种。茎蔓性，植株生长势和分枝性强。叶片大，深绿色，掌状五角形。瓜呈细长颈圆筒形，瓜皮墨绿，瓜面光滑，有蜡粉。

TOP ⓯ 北京甜栗

生长势强，连续坐果性好。果实扁圆形，果皮深绿色，有浅色斑纹。果肉黄色，质细粉糯，口味香甜，品质极佳。单果重约1.5千克。

TOP ⓰ 枣庄南瓜

山东省枣庄市郊区地方品种。瓜呈扁圆形有纵棱，嫩瓜皮色墨绿，有黄白斑；老熟瓜皮棕黄色，有肉色斑，有蜡粉。老熟瓜味道甜，但不面，品质好。较抗病毒病和白粉病。

丝瓜

学名：Luffa cylindrica (L.) Roem.
分类：丝瓜属
原产地：中国

滋润美容的"美人瓜"

丝瓜原产于南洋，明代引种到我国，成为人们常吃的蔬菜。丝瓜的药用价值很高，全身都可入药。有嫩肤的营养与功效，是不可多得的美容佳品，故丝瓜汁有"美人水"之称。丝瓜汁液中的成分能够除皱消炎，防止脸部皮肤老化，消除年轻人斑点、减轻黑色素沉淀，有延缓细胞老化的功能，尤其是丝瓜叶更有抗老化的功效。

表皮呈嫩绿色，有茸毛。

味：甘甜，味道清淡，脆嫩可口。

营 营养与功效

丝瓜中含防止皮肤老化的B族维生素、增白皮肤的维生素C等成分，能保护皮肤、消除斑块，使皮肤洁白、细嫩。

选 选购妙招

挑选有棱丝瓜时候，要注意其褶皱间隔是否均匀，越均匀越甜。表皮为嫩绿色或淡绿色，若皮色枯黄或瓜皮干皱或瓜体肿大且局部有斑点和凹陷，则该瓜过熟而不能食用。

储 储存方法

丝瓜不宜久藏，可先切去蒂头再用纸包起来冷藏。切去蒂头可以延缓老化，包纸可以避免水分流失，最好在2~3天内吃完。

盛产期：秋季

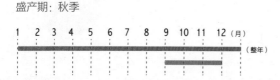

国产·输入

烹 烹饪技巧

要使丝瓜不变色，首先刮去丝瓜外面的老皮，洗净后将丝瓜先腌渍1~2分钟，然后用清水下锅炒，能保持丝瓜青绿的色泽。

食用宜忌

体内虚寒，易腹泻者不宜多食。

食 推荐食谱

丝瓜西葫芦汁

原料：

丝瓜 100 克，西葫芦 100 克，白开水 200 毫升。

做法：

❶ 丝瓜洗净，去皮，切块；

❷ 西葫芦洗净，去皮，切块；

❸ 丝瓜和西葫芦放进榨汁机，加入凉白开打成汁。

丝瓜品种

TOP ❶ 棒槌丝瓜

属于晚熟品种，从播种至嫩瓜采收约110天。播种到老熟瓜收获约180天。耐热、耐旱，抗病能力强，适合越夏栽培。嫩瓜质地柔嫩，适宜熟食；老熟瓜纤维粗，且柔韧，可用作炊具。

TOP ❷ 白玉香丝瓜

白玉香丝瓜改变原有肉丝瓜食用时肉质软绵，带苦味、黑汤等缺点，烹饪后嫩白如玉，汤汁清鲜，食之香甜，口感特佳。

TOP ❸ 棱角丝瓜

俗名为十角丝瓜、雨伞丝瓜或是广东丝瓜，此品种盛产于澎湖，所以又叫作澎湖丝瓜，因产地得名。

TOP ❹ 线丝瓜

外皮浓绿色，有细皱纹或黑色条纹；肉较薄，品质中等。单瓜重500~1000克。较耐热、耐湿，具有较强抗逆性和适应性。适于春夏季露地栽培，亩产2000千克左右。

冬瓜

学名：Benincasa hispida (Thunb.) Cogn.

分类：冬瓜属

原产地：中国和东印度

减肥降脂的"夏季第一瓜"

冬瓜主要产于夏季，取名为冬瓜是因为瓜熟之际，表面上有一层白粉状的东西，就好像是冬天所结的白霜；也是这个原因，冬瓜又称白瓜。冬瓜可消暑解毒、去心火、除烦躁、降火气、降血糖，并使肾脏排泄出老旧废物。酷热的夏天喝上一碗冬瓜汤，马上就能消除烦躁。

肉质结实，肉厚，皮色青绿。

味：味美多汁，清凉爽口。

营 营养与功效

冬瓜汁及冬瓜提取物能增加动物排尿量，减轻由升汞引起的肾病病变程度，并具有显著减少血清肌酐含量的作用。

选 选购妙招

选购冬瓜时，应选择皮色青绿、带白霜、形状端正、表皮无斑点或外伤，且皮不软、不腐烂，挑选时可以用指甲掐一下，表皮硬、肉质紧密，种子已经成熟的黄褐色的冬瓜，口感较好。

储 储存方法

冬瓜喜温、耐热，可放在通风处保存。可选一些未腐烂，没有受过剧烈震动，带有一层完整白霜的冬瓜为宜，放在没有阳光的干燥处，瓜下放草垫或木板，可以维持4～5个月不坏。

盛产期：夏季

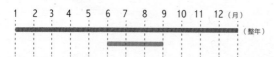

国产·输入

烹饪技巧

冬瓜是一种解热利尿效果比较理想的日常食物，连皮一起煮汤，效果更明显。另外，瓜与肉煮汤时，冬瓜必须后放，然后用小火慢炖，这样防止冬瓜过熟过烂。

食用宜忌

患肾病、水肿、肝硬化腹水、癌症、动脉硬化、冠心病、肥胖以及缺乏维生素C者宜多食。

推荐食谱

冬瓜条

原料：

冬瓜1000克，白糖500克，食用石灰适量。

做法：

❶ 食用生石灰和水按1∶200的浓度泡好，把冬瓜条泡在里面10小时，清水泡好后，把冬瓜条放锅里加水煮沸，沸腾五分钟左右放冷水里冷却；

❷ 把冬瓜条装容器里发酵十小时，发酵好后沥干水分，放置三小时以上。把冬瓜和水倒进锅里，加快翻炒的速度，锅里没有液体了就关火即可。

冬瓜品种

TOP ❷ 清心冬瓜

果皮青绿色，椭圆形小果，成熟时有果粉，适合市场和家庭用。

TOP ❶ 宝玉小冬瓜

杂交一代，全新类型翡翠瓜。耐热、较耐寒，植株蔓生，长势旺盛，对土壤适应性强，容易生长。叶色浓绿，雌花充足，容易坐果，产量高，瓜色新鲜、嫩绿，卖相极好。

TOP ❸ 青皮冬瓜

瓜圆筒形，老、嫩均可食用，嫩瓜青绿色，有白斑和细毛。种子椭圆形，淡黄色，千粒重75克。肉质致密，含水分高，味清淡。老瓜耐贮运，品质好，宜熟食，干制、糖渍也可。

TOP ❹ 黑皮冬瓜

嫩瓜青绿色，成熟瓜为黑色，呈炮弹形。成熟瓜为黑色，形状似炮弹，所以很多菜农又称之为炮弹形黑皮冬瓜。瓜肉质厚无空心，特耐运输。

扁豆

学名：Lablab purpureus（Linn.）Sweet
分类：扁豆属
原产地：印度

圆圆扁扁的多籽蔬菜

一年生草本植物，茎蔓生，小叶披针形，花为白色或紫色，荚果呈长椭圆形，扁平，微弯。种子为白色或紫黑色。嫩荚是普通蔬菜，种子可入药。

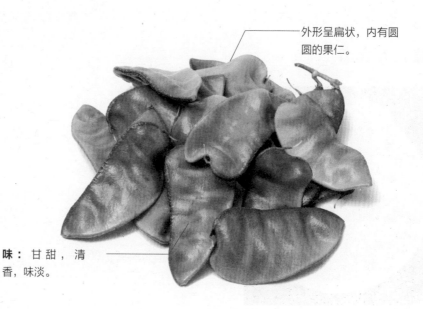

外形呈扁状，内有圆圆的果仁。

味：甘甜，清香，味淡。

营 营养与功效

含蛋白质、脂肪、糖类、钙、磷、铁及膳食纤维、B族维生素、维生素A、维生素C和氰苷、酪氨酸酶等元素，对体倦乏力、暑湿为患、脾胃不和等症状有一定的食疗效果。

盛产期：秋季

| 1 | 2 | 3 | 4 | 5 | 6 | 7 | 8 | 9 | 10 | 11 | 12 | (月) |

（整年）

国产·输入

国产

选 选购妙招

青荚种以及青荚红边种都以嫩荚吃口感更好，不可购买鼓粒的。质量好的扁豆个体肥大，荚长10厘米左右，皮色鲜嫩，无虫无伤。

储 储存方法

用开水煮到大概八分熟的时候捞出，等完全冷却后，用保鲜袋装好放入冰箱即可。

烹 烹饪技巧

将扁豆投入开水锅中，热水焯透，放入冷水中浸泡后再烹调；干煸法，把扁豆放入烧热的锅内煸炒，炒至豆荚变色；过油法，把扁豆放入油锅中炸一下，捞出滤干油再烹制。

食用宜忌

一般人群均可食用，但是患寒热病者、患疟者不可食。

食 推荐食谱

小米白扁豆七谷养生粥

原料：

小米、红米、大麦米、核桃、莲子、糯米、白扁豆各适量。

做法：

❶ 将材料浸泡2小时；

❷ 砂锅注水烧开，倒入材料，用大火煮开后转小火煮20分钟至材料微软；

❸ 续煮40分钟至粥品黏稠，搅拌一下，装碗即可。

秋葵

学名：Abelmoschus esculentus L.moench

分类：秋葵属

原产地：非洲今日埃塞俄比亚附近以及亚洲热带

具有特殊香气的"绿色小人参"

原产于非洲，20世纪初由印度引入中国，多见于中国南方。其可食用部分是果荚，分绿色和红色两种，口感脆嫩多汁，滑润不腻，香味独特，种子可榨油。具有特殊香气和风味的秋葵，其嫩荚果中含有黏滑汁液，可以帮助消化，对改善下痢与便秘都很有帮助，所以被称为"绿色小人参"。

表面有一些茸毛，整体呈锥形，表皮呈绿色。

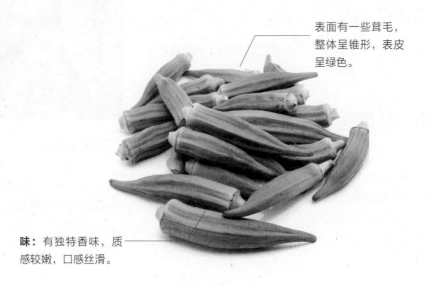

味：有独特香味，质感较嫩，口感丝滑。

营 营养与功效

黄秋葵低脂、低糖，可以作为减肥食品；由于其含锌和硒等微量元素，可以增强人体防癌抗癌能力；其富含的维生素C可预防心血管疾病发生，提高免疫力。另外丰富的维生素C和可溶性纤维（果胶）结合作用，对皮肤有一定温和的保护效应，可以代替一些化学的护肤用品；可溶性纤维还能促进体内有机物质的排泄，减少毒素在体内的积累，降低胆固醇含量。

盛产期：冬季

国产·输入

选 选购妙招

秋葵的表面有一层细毛，这是它一个的鲜明标志，如若每条脊上的绒毛都在，说明没受挤压；用指甲轻轻一划就破且有汁的就是最新鲜的。秋葵不像黄瓜，越硬越新鲜；相反，越硬的秋葵说明它越老，里面的种子已经发硬滞口，且肉里纤维已过多，吃起来没有独特的香味和柔嫩的质感。

储 储存方法

秋葵最好储存于7℃～10℃的环境中，约有10天左右的储存期。不要让秋葵直接碰到冰块或冰水，一旦碰冰整个秋葵都会变得很软烂，失去原有的弹性口感。最好即买即食，若需保存，可以白报纸包裹，再以一层塑胶袋或保鲜膜包覆，放入冰箱冷藏。

食用宜忌

秋葵属于性偏寒凉的蔬菜，胃肠虚寒、功能不佳、经常腹泻的人不可多食。

烹 烹饪技巧

秋葵是很有营养的一种蔬菜，尤其是里面的籽和胶液更具有独特的保健功效，所以最不流失营养的吃法就是整株烹饪。

食 推荐食谱

秋葵拌肉片

原料：
秋葵8条，猪肉、芝麻、盐各适量。

做法：
❶ 秋葵洗净，猪肉切丝；
❷ 锅里烧开水，先焯熟秋葵，另起锅，加入肥肉煎油；
❸ 煎出足够的油后捞出油渣，加入蒜头炒香，加入瘦肉翻炒；
❹ 瘦肉熟后加入切段的秋葵快速翻炒，最后加入适量盐和芝麻即可。

西葫芦

学名：Cucurbita pepo L.
分类：南瓜属
原产地：北美洲南部

钙含量丰富的润肺蔬菜

西葫芦原产于北美洲南部，中国于19世纪中叶开始从欧洲引入栽培，世界各地均有分布。西葫芦是南瓜的变种，果实呈圆筒形，果形较小，果面平滑，以采摘嫩果供菜用。其含有较多维生素C和钙元素等营养物质，具有除烦止渴、润肺止咳、清热利尿、消肿散结的功效。以皮薄、肉厚、汁多、可荤可素、可菜可馅而深受人们喜爱。

表面光亮，表皮呈翠绿色。

味：口感较嫩滑，水分含量高，味道鲜美。

营 营养与功效

西葫芦花含水量高达95%，热量低，除能提供适量的磷、铁、维生素A和维生素C外，其他大部分营养物质含量低。并含有一种干扰素的诱生剂，可刺激机体产生干扰素，提高免疫力，发挥抗病毒和抗肿瘤的作用。

盛产期：5～8月份

1　2　3　4　5　6　7　8　9　10　11　12（月）
（整年）

国产·输入

国产

选 选购妙招

　　最好不选粗的，细的西葫芦味道更鲜嫩，而且出水也较少；不要选十分深绿色的，要选择翠绿中带白的，口感嫩；要挑选表面光亮、笔挺坚实、表面没有伤痕的，表面晦暗、有凹陷或失水者的为老葫芦。

储 储存方法

　　贮存西葫芦最适宜温度为5~10℃，最适宜湿度为95％。要轻拿轻放，防止碰伤。然后用软纸逐个进行包装，放在筐内或纸箱内，临时贮存时要尽量放在阴凉通风处，尽量放进冰箱冷藏。

烹 烹饪技巧

　　切好的西葫芦丝放在食盐水中浸泡一会，因为食盐可以使植物细胞丧失活动力，而导致蔬菜脱水，以避免西葫芦在炒制的过程中有水分渗出，使西葫芦不易变软。

食用宜忌

　　脾胃虚寒的人应少吃，不宜生吃。

食 推荐食谱

红椒炒西葫芦

原料：
西葫芦300克，红椒20克，姜片、蒜末各少许，盐3克，料酒4毫升，味精2克，水淀粉10毫升，蚝油4克，食用油适量。

做法：
❶ 西葫芦切成丝，红椒切成丝；
❷ 用油起锅，倒入姜片、蒜末、红椒炒香；
❸ 倒入切好的西葫芦翻炒片刻，加入少许料酒炒香，再加入盐、味精，再倒入蚝油，拌炒1分钟至入味；
❹ 加入水淀粉勾芡即可。

TOP ❷ 灰采尼西葫芦

从美国引进的杂交种。外形与花叶西葫芦相似，唯叶缺裂稍浅。

TOP ❹ 无种皮西葫芦者

甘肃省武威园艺试验场育成。瓜短柱形，嫩瓜可做蔬菜；老熟瓜皮橘黄色，单瓜重4～5千克。种子灰绿色，无种皮，供炒食或制糕点。

TOP ❶ 黑美丽

由荷兰引进的早熟品种。瓜皮墨绿色，呈长棒状，上下粗细一致，品质好，单瓜重1.5～2千克。

TOP ❸ 绿皮西葫芦

江西省地方品种。瓜长椭圆形，表皮光滑，绿白色，有棱6条。一般单瓜重2～3千克。嫩瓜质脆，味淡。

TOP ❻ 一窝猴西葫芦

北京地方品种，华北地区均可栽培。瓜为短柱形，端口瓜皮深绿色，表面有5条不明显的纵棱，并密布浅绿网纹。果实肉质嫩，味微甜，肉厚瓤小。

TOP ❽ 长蔓西葫芦

河北省地方品种。瓜为圆筒形，中部稍细。瓜皮白色，表面微显棱，单瓜重1.5千克左右，果肉厚，细嫩，味甜，品质佳。

TOP ❺ 早青西葫芦

山西农科院育成的一代杂交种。瓜长圆筒形，嫩瓜皮为浅绿色，老瓜黄绿色。单瓜重1～1.5千克。

TOP ❼ 站秧西葫芦

黑龙江省地方品种，东北地区栽培较多。嫩瓜长圆柱形，瓜皮白绿色，成熟瓜呈土黄色，肉白绿色。单瓜重1.5～2.5千克。

富含蛋白质的"记忆佳豆"

蚕豆一般认为起源于西南亚和北非。中国的蚕豆，相传为西汉张骞自西域引入。碳水化合物含量达47%～60%。可食用，也可制酱、酱油、粉丝、粉皮和作蔬菜；还可作饲料、绿肥和蜜源植物种植。具有高营养价值，味道鲜美，又称为胡豆，可以热炒、煮鲜汤或制成蚕豆酥。蛋白质的含量仅次于大豆，热量低于其他豆类，可说是高营养又属于低热量的豆类食品，常吃可以增强记忆力。

学名：Vicia faba L.

分类：野豌豆属

原产地：欧洲地中海沿岸，亚洲西南部至北非

表面呈鲜绿色，果实较为饱满。

味：口感粉嫩，味道较淡。

营 营养与功效

成熟蚕豆内的固体物质含量是未成熟蚕豆的3倍以上，因此成熟蚕豆的热量、蛋白质、矿物质和某些维生素远较未成熟的高，但未成熟的蚕豆为维生素A、维生素C的上等来源，具有增强免疫的功效。

盛产期：3～4月份

| 1 | 2 | 3 | 4 | 5 | 6 | 7 | 8 | 9 | 10 | 11 | 12 | (月) |

（整年）

国产·输入

国产

选 选购妙招

购买蚕豆时，要留意蚕豆身上是否带有异味，因为商家可能利用防腐剂保鲜。剥壳后，如果豆子顶端像指甲一样的月牙形，并呈浅绿色，说明蚕豆很嫩，可以带壳吃。干燥后的蚕豆可以作为粮食使用，新鲜的蚕豆可以作为蔬菜料理或入药，还可以作为饲料或绿肥使用。

储 储存方法

将两三瓣大蒜放入装有蚕豆的容器或口袋中，可使其2~3年不被虫蛀。用水煮好，然后放到冰箱冷冻库，想吃时拿出来烹调，味道一样好。

烹 烹饪技巧

蚕豆一定要随烧随剥，如果早早地剥好，蚕豆皮会风干，影响口感。 剥豆时一定要去除蚕豆上的小帽子，不然蚕豆煮好了会有涩味。

食用宜忌

有遗传性血红细胞缺陷症者，患有痔疮出血、消化不良、慢性结肠炎、尿毒症等病人不宜进食蚕豆。

食 推荐食谱

油炸蚕豆

原料：
蚕豆、盐、味精、胡椒粉、食用油、干生粉各适量。

做法：
❶ 蚕豆洗净剥皮，用剪刀在另一头剪个小口；
❷ 加入鸡蛋液、生粉、胡椒粉、味精、盐，拌匀腌制10分钟；
❸ 热锅烧油至七成热，下入腌制好的蚕豆，用筷子慢慢地拌动不让它粘连，炸至全黄，起锅装盘。

TOP ❷ 临蚕 5 号

生育期125天左右，分枝一般为2~3个，百粒重180克左右，种皮为乳白色。具有高产、优质、粒大、抗逆性强等特点，适应于高肥水栽培，根系发达，抗倒伏，一般亩产350千克左右。

TOP ❶ 临蚕 204

春播蚕豆品种，生育期120天左右，分枝2~3个，结荚部位低，百粒重160克左右。具有高产、优质、粒大的特点。适应性广，抗逆性强。一般亩产为350千克左右，最高亩产达420千克。

TOP ❸ 湟源马牙

春播类型。该品种种皮为乳白色，百粒重160克左右，属大粒种，是青海省优良地方品种。湟源马牙栽培历史悠久，具有较强的适应性，产量高而稳，是我国主要蚕豆出口商品。适于北方蚕豆主产区。

TOP ❹ 临夏马牙

春性较强。甘肃省临夏州优良地方品种，因籽粒大形似马齿形而得名。该品种种皮为乳白色。适应性强，高产稳产，是我国重要的蚕豆出口品种。

TOP ❻ 青海 9 号

春播蚕豆品种，具有高产、优质、特大粒的特点，分枝性强，结荚部位低，不易裂荚。种皮乳白色，百粒重200克左右，是目前春蚕豆区推广品种。

TOP ❺ 青海 3 号

春播蚕豆品种，具有高产、优质、粒大的特点。种皮乳白色，百粒重160克左右，籽粒蛋白质含量达24.3%，脂肪1.2%。

TOP ❼ 日本吋蚕

春播品种，由中国农科院品资所引进。花白色，结荚部位低，结荚多，分枝少，单荚粒数一般为4~5粒。不易裂荚。种皮乳白色。抗逆性强，是粮菜兼用的优质品种。

木瓜

学名：Chaenomeles sinensis (Thouin) Koehne

分类：蔷薇科

原产地：南美洲

性温味酸的"百益果王"

　　作为水果食用的木瓜实际是番木瓜，其性温味酸、营养丰富，有"百益之果"之称，是岭南四大名果之一。木瓜富含17种以上氨基酸及钙、铁等元素，还含有木瓜蛋白酶、番木瓜碱等。半个中等大小的木瓜足供成人整天所需的维生素C。木瓜含有木瓜酵素以及多种的维生素、矿物质和胡萝卜素等。

果皮光滑美观，果肉厚实细致。

味：香气浓郁，汁水丰多。

營 营养与功效

　　木瓜含有17种以上的氨基酸，尤其含有丰富的色氨酸和赖氨酸，而这两种都是人体必需的氨基酸。色氨酸有助于睡眠、镇痛等作用，赖氨酸与葡萄糖代谢关系密切，能够抗疲劳，提高免疫力。

盛产期：9～10月份

| 1 | 2 | 3 | 4 | 5 | 6 | 7 | 8 | 9 | 10 | 11 | 12 | (月) |

（整年）

国产·输入

国产

选 选购妙招

　　木瓜大多丰腴甜美，挑选木瓜宜选择外观无瘀伤凹陷，果型以长椭圆形且尾端稍尖为佳。木瓜有公母之分。公瓜椭圆形，身重、核少肉结实，味甜香；木瓜身稍长，核多肉松，味稍差。生木瓜或半生的比较适合煲汤，作为生果食用的应选购比较熟的瓜。木瓜成熟时，瓜皮呈黄色，味特别清甜。

储 储存方法

　　木瓜最好现买现吃，不宜冷藏，如果买到的是尚未成熟的木瓜也可以用纸包好，放在阴凉处1~2天后食用。

烹 烹饪技巧

　　生木瓜或半生的比较适合煲汤，可以切成丁或块；此外还可以刨成片或丝放适量糖醋做成酸料慢慢吃。

食用宜忌

　　不宜生吃。此外，因为木瓜含有一种女性荷尔蒙，又以青木瓜中含量最多，若要拿来食用，建议孕妇不宜多吃。

食 推荐食谱

自制木瓜冰激凌

原料：
牛奶300毫升，植物奶油300克，糖粉150克，蛋黄2个，玉米淀粉15克，木瓜泥300克，搅拌器、电动搅拌器、温度计、挖球器、保鲜盒各1个，保鲜膜适量。

做法：

❶ 玉米淀粉加牛奶，倒入糖粉、蛋黄，打成蛋液，待奶浆温度降至50℃，倒入蛋液中，倒植物奶油、木瓜泥；

❷ 打匀制成冰激凌浆倒入保鲜盒，封上保鲜膜，放入冰箱冷冻5小时至定型后挖成球状即可。

TOP ❶ 牡丹木瓜

植株一年中可多次开花，花状似牡丹，会自然变色。初花谢后，果实发育，果实呈长椭圆形，单果重300~800克。果皮黄色，表面光滑，芳香味浓。10月上旬成熟，可储至翌春二三月。

TOP ❷ 日升

开花期早，果型丰整光滑，果肋、果沟不明显，极少畸形果。雌果近圆形、两性果梨形，果肉红，气味芳香，但产量小。

TOP ❸ 台农杂交二号

凤山热带园艺试验分所育成，台湾网室栽培的主流品种，雌果呈椭圆形，两性果长型，果皮浓绿，果肉橙红色，汁多味爽。

TOP ❹ 小果木瓜

该品种株高1.5~2米。果实分长椭圆形及近圆形两种，果肉红色，肉质嫩，清甜，木瓜味浓。该品种较丰产，优质，是鲜果市场需求量较大的新品种，也是酒家的高级菜肴及超市的高档水果。

TOP ❺ 青木瓜

主产地中国海南、广东、广西、云南、福建、台湾等省。成熟后黄皮红心，富含木瓜酵素、木瓜蛋白酶、凝乳蛋白酶、胡萝卜素等及十七种以上氨基酸和多种营养元素。

TOP ❻ 毛叶木瓜

又名木瓜海棠。大灌木或小乔木，成株高达3~5米，枝刺短。果实肉质，大形。生于山坡林缘或沟谷林下，海拔800~1100米处。

TOP ❼ 日本木瓜

别名倭海棠。植株为矮灌木，高不足1米，枝常具刺。果实近球形，直径约3厘米，黄色，萼片脱落。

TOP ❽ 油木瓜

株高2~10米，树皮片状脱落，小刺无枝，紫红至紫褐色。果长椭圆形，暗黄色，果柄短。成熟果皮为黄绿色，因分泌一种清香油质黏液而得名油木瓜。

清热消暑的"君子菜"

苦瓜原产于东印度热带地区，我国早有栽培，在广东、广西、福建、台湾、湖南、四川等省栽培较普遍。苦瓜不仅是夏季佳蔬，又是一味良药。在夏天皮肤容易发作红疹、口干舌燥的人，可以直接喝清凉的苦瓜汁，或是煮苦瓜汤饮用，症状就会消除；女性想要增强皮肤的光滑细致感，也可以经常食用苦瓜，除了促进皮肤表皮的活性，更是润洁、美容皮肤的优质食品。

苦瓜

学名：momordica charantia Linn.
分类：苦瓜属
原产地：热带地区

瓜肉厚实，瓜子较小。

味：味道发苦，含有淡香。

营 营养与功效

苦瓜中含有丰富的维生素C，每100克苦瓜含有56毫克的维生素C。苦瓜具有清热消暑、养血益气、补肾健脾的功效。

选 选购妙招

挑选苦瓜时，要观察苦瓜上的果瘤，颗粒越大越饱满，表示瓜肉越厚；颗粒越小，瓜肉越薄。好的苦瓜一般洁白漂亮，如果苦瓜发黄，就已经过熟，会失去应有的口感。

储 储存方法

苦瓜不耐保存，即使在冰箱中存放也不宜超过2天。用报纸包起来，分别包上两张后，装进夹炼袋中，要用手将空气挤出，放入冰箱的抽屉冷藏。

盛产期：4～10月份

国产·输入

烹 烹饪技巧

苦瓜、鸡蛋同食能保护骨骼、牙齿及血管，使铁质吸收得更好，有健胃的功效，能治疗胃气痛、眼痛、感冒、伤寒和小儿腹泻呕吐等。

食用宜忌

苦瓜性凉，多食易伤脾胃，所以脾胃虚弱的人要少吃苦瓜。

食 推荐食谱

苦瓜芹菜黄瓜汁

原料：

苦瓜150克，黄瓜120克，芹菜60克，蜂蜜15克。

做法：

❶ 黄瓜切成丁，苦瓜切成丁，芹菜切成段，备用；

❷ 锅中注入清水烧开，放入苦瓜丁、芹菜，煮到熟软；

❸ 取榨汁机，倒入黄瓜，再加入苦瓜、芹菜，注入矿泉水，榨取蔬菜汁，再倒入适量蜂蜜；

❹ 将搅拌匀的蔬菜汁倒入杯中即可。

苦瓜品种

TOP ❷ 槟城苦瓜

皮油青色，有光泽，味微苦，品质佳，耐贮运，春夏秋均可种植，夏秋更宜，是出口、内销的优良品种。

TOP ❶ 白皮苦瓜

口味相比没有绿色苦瓜苦，口感会比绿苦瓜要脆，水分比较多，适合榨汁。

TOP ❸ 大顶苦瓜

果实长15厘米，宽10厘米，青绿色，有光泽，瘤状凸起，肉厚1~1.3厘米。味甘微苦，品质优，产品主要供北运和出口港澳市场。

TOP ❹ 宁夏长身苦瓜

果瘤较多，果皮为白绿色，气味苦，无毒，性寒，入心、肝、脾、肺经；具有清热祛暑、明目解毒、利尿凉血、解劳清心、益气壮阳之功效。

果味清淡的药用瓜菜

瓠瓜，为葫芦科葫芦属一年生蔓性草本植物。瓠瓜幼果味清淡，品质柔嫩，适于煮食。 在河北一带的某些地区，"瓠瓜"专指西葫芦，"瓠子"则用来专指瓠瓜。 中国古时以其老熟干燥果壳做容器，也作药用。

瓠瓜

学名： Lagenaria siceraria (molina) Standl.

分类：葫芦属

原产地：印度和非洲

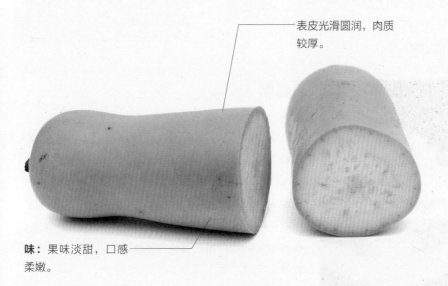

表皮光滑圆润，肉质较厚。

味：果味淡甜，口感柔嫩。

营 营养与功效

瓠瓜中含有丰富的维生素C，能促进抗体的合成，提高机体抗病毒能力。从瓠瓜中能分离出两种胰蛋白酶抑制剂，对胰蛋白酶有抑制作用，从而起到降糖的效果。

选 选购妙招

挑选瓠瓜要干透、型好、芯正；要有坠手的感觉，葫芦越重密度越高，所以瓠瓜的生长期要长；撮一下瓠瓜应当有圆润光滑的手感。

储 储存方法

瓠瓜置于阴凉干燥处，应尽快食用，如果变老则无法食用。

盛产期：4 月中旬 ~ 6 月下旬

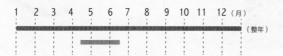

| 1 | 2 | 3 | 4 | 5 | 6 | 7 | 8 | 9 | 10 | 11 | 12 | (月) |

(整年)

国产·输入

国产

烹 烹饪技巧

瓠瓜可作为瓜果菜蔬食用，而且吃法多种多样，既可烧汤，又可做菜；既能腌制，也能干晒。烧汤清香四溢，其味鲜美。与其他瓜果不同的是，不论瓠瓜还是它的叶子，都要在嫩时食用，否则成熟后便失去了食用价值。

食用宜忌

阳虚体质者应忌食或少食，一般人群均可食用。

食 推荐食谱

泡瓠瓜

原料：

瓠瓜 200 克，蒜头 15 克，辣椒圈 10 克，盐 25 克，白酒 15 毫升，白糖 6 克，白醋 20 毫升。

做法：

❶ 瓠瓜切成小块，放入辣椒圈、蒜头，再加盐、白糖、白酒，倒入白醋，再倒入约 200 毫升的矿泉水，拌匀；

❷ 将拌好的瓠瓜用汤匙舀入玻璃罐中，再倒入味汁；

❸ 加盖密封，置于 5 ～ 10℃的室温下浸泡 5 天；

❹ 瓠瓜泡菜制成，取出即可用于烹调食用。

瓠瓜品种

TOP ❶ 长瓠子

又名长葫产，夜开花，芋莆等，果实长圆筒形，长40～50厘米，果皮淡绿色，果肉白色，柔软，品质优良，果实多结在子蔓或侧蔓上，为早熟品种。

TOP ❷ 面条瓠子

果实长70～100厘米，上下粗细相近，柄部稍细，果皮薄，淡绿色，有光泽，肉厚而嫩，呈白色。种子少，单瓜重1.5～2千克。较早熟。

TOP ❸ 大葫芦

嫩瓜外皮白绿色或淡绿色，底上有白色不规则花斑，表面密生白色短茸毛，瓜的上半部为实心，膨大部分瓠小肉厚。瓜肉白色，质地较致密，水分多，纤维少，略有甜味，品质较佳。

TOP ❹ 孝感瓠瓜

长70厘米，横径7厘米，瓜皮薄，呈绿色，肉厚白色，种子少，品质好。单瓜重1千克左右，早熟高产品种。

夏季盛产的"清明豆"

四季豆是菜豆的别名，菜豆是豆科菜豆种的栽培品种，为一年生草本植物。在浙江衢州叫作清明豆，在中国北方叫眉豆；在四川等一些华中地区叫作四季豆，是餐桌上的常见蔬菜之一。无论单独清炒，还是和肉类同炖，抑或是焯熟凉拌，都很美味。

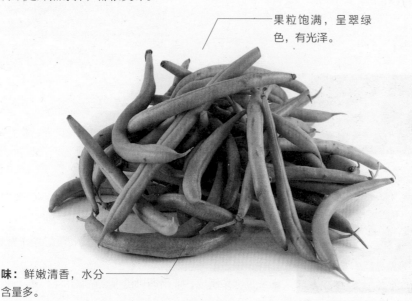

果粒饱满，呈翠绿色，有光泽。

味： 鲜嫩清香，水分含量多。

四季豆

学名：Phaseolus vulgaris L.
分类：菜豆属 Phaseolus
原产地：欧洲

营 营养与功效

豆中能提供充分的铁和钾，现代医学证明：四季豆中含有血球凝集素，这是一种蛋白质类的物质，抑制免疫反应和白细胞与淋巴细胞的移动，故能激活肿瘤病人的淋巴细胞产生淋巴病毒。

选 选购妙招

质量好的四季豆，豆荚果呈翠绿色，饱满，豆粒呈青白色或红棕色，有光泽，鲜嫩清香；相反其质量就较差。

储 储存方法

四季豆洗净，用盐水氽烫后沥干，再放入冰箱中冷冻，便可以长期保存。切记水分一定要沥干，冷冻过的四季豆才不会黏在一起。

盛产期：5～6月份

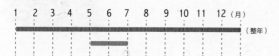

国产·输入

烹 烹饪技巧

　　四季豆一定要煮熟以后才能食用，否则可能会出现食物中毒现象。烹调前应用冷水浸泡（或用沸水稍烫）再炒食。另外，烹调前应将豆筋摘除，否则既影响口感，又不易消化。

食用宜忌

　　妇女多白带者、皮肤瘙痒、急性肠炎者更适合食用，同时适宜癌症、急性肠胃炎、食欲不振者食用。

食 推荐食谱

干煸四季豆

原料：

四季豆300克，干辣椒3克，蒜末、葱白各少许，盐3克，味精3克，生抽、豆瓣酱、料酒、食用油各适量。

做法：

❶ 四季豆切段，热锅注油，烧至四成热，倒入四季豆，滑油片刻捞出；

❷ 锅底留油，倒入蒜末、葱白，再放入洗好的干辣椒爆香，倒入滑油后的四季豆；

❸ 加盐、味精、生抽、豆瓣酱、料酒，翻炒至入味即可。

四季豆品种

TOP ❷ 优胜者

从美国引进。花为浅紫色。嫩荚近圆棍形，长约14厘米，均重8.6克。肉厚，纤维少，品质好。

TOP ❶ 新西兰5号

茎蔓生、半蔓生或矮生。初生真叶为单叶，对生；以后的真叶为三出复叶，近心脏形。总状花序腋生，蝶形花。花冠白、黄、淡紫或紫等色。

TOP ❸ 早春羊角芸豆

主茎长1.2～1.8米，黄绿色。叶片浅绿色，花蓝紫色。嫩荚圆棍形，长15厘米左右，横径约1.2厘米，单荚重8克左右。

TOP ❹ 供给者

从美国引进。植株生长势较强，株高42厘米左右，单株有3～5条分枝。花为浅紫色。嫩荚圆棍形，绿色，长12～14厘米。荚纤维少、质脆，品质好。

Chapter 5

菌藻类

日本是全世界人均寿命最长的国家，在他们的餐桌上食用菌占有相当大的比例。菌藻类食品不仅味道鲜美，而且营养丰富；所含的蛋白质、脂肪和多种维生素及矿物质，都是人体健康所必不可少的，对防治疾病，特别是对儿童的健康成长有着重要的作用。

灵芝

学名：ganoderma Lucidum (Leyss. ex Fr.) Karst.

分类：灵芝属

原产地：中国

保肝解毒的"林中仙草"

灵芝属于多孔菌科植物赤芝或紫芝的全株，灵芝又名"不死药"，俗称"灵芝草"，原产于亚洲东部，中国分布最广的在江西。灵芝多糖是灵芝的主要有效成分之一，具有抗肿瘤、免疫调节、降血糖、抗氧化、降血脂与抗衰老作用。所以作为拥有数千年药用历史的中国传统珍贵药材，具备很高的药用价值。

表面光滑，质脆肉厚。

味：味道泛苦。

营 营养与功效

三萜类也是灵芝的有效成分之一，对人体肝癌细胞具有消灭作用，也能抑制组织胺的释放，具有保肝和抗过敏等作用。

选 选购妙招

野生灵芝由于长期风吹日晒散失了其特有香味，因此香味较淡甚至没有什么味道，人工栽培的灵芝香味较浓郁。

储 储存方法

灵芝采收后，去掉表面的泥沙及灰尘，自然晾干或烘干，水分控制在13%以下，然后用密封的袋子包装，放在阴凉干燥处保存。

盛产期：全年

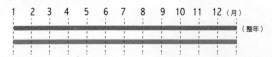

| 1 | 2 | 3 | 4 | 5 | 6 | 7 | 8 | 9 | 10 | 11 | 12 （月） |

（整年）

国产·输入

国产

烹饪技巧

把灵芝剪成碎块，放在茶杯内，用开水冲泡后当茶喝，一般成人一天用量为10~15克，可连续冲泡5次以上。

食用宜忌

若老人小孩服用灵芝，更能增强人体抵抗力，功效会更强，但服用时需要适量。

推荐食谱

灵芝车前草茶

原料：

灵芝 15 克，车前草 10 克。

做法：

❶ 将灵芝、车前草用水洗净；

❷ 把洗好的茶材放入锅中，加入适量清水，以文火煎煮 10~15 分钟，取汁饮用。

灵芝品种

TOP ❶ 松杉灵芝

属灵芝科灵芝属，生长于海拔700~1400米的红松阔叶混交林、针叶混交林内的落叶松、红杉、冷杉、云杉的伐根和腐木上，分布于我国温寒带长白山地区。

TOP ❷ 黑肉乌芝

黑肉乌芝生于林中地上或腐木上，子实体中等大，硬、木栓质，一年生。菌盖为肾形或扇形。主要生长于广东、海南、香港、广西、云南等地。

TOP ❸ 皱盖乌芝

菌柄偏生，圆柱形，往往弯曲，与菌盖同色，有细微绒毛。夏秋季生于林中地上，其基部附着于土中的腐木上，南方多见于相思树下。

TOP ❹ 赤芝

生长于栎树及其他阔叶树木桩旁，喜生于植被密度大，光照短，表土肥沃，潮湿疏松之处，现已人工栽培。药用部位为其子实体。秋季采收。

金针菇

学名：Flammulina velutiper (Fr.) Sing

分类：金针菇属

原产地：中国

提高免疫力的"脑黄金"

金针菇为真菌植物门真菌冬菇的子实体，其菌盖小巧细腻，黄褐色或淡黄色，干部形似金针，故名金针菇。在作为食材时，金针菇特别是凉拌菜和火锅的上好食材，其营养丰富，清香扑鼻且味道鲜美，深受大众的喜爱。金针菇锌含量高，能增强智力、促进生长发育，故被称为"脑黄金"。

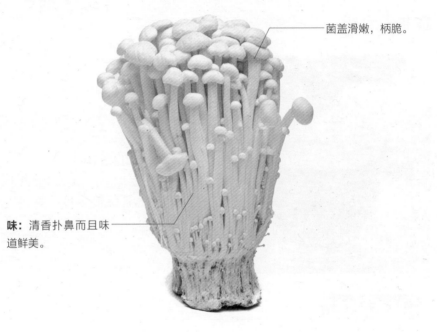

菌盖滑嫩，柄脆。

味：清香扑鼻而且味道鲜美。

营 营养与功效

金针菇里含有大量谷氨酸和通常食物里罕见的伞菌氨酸、口蘑氨酸和鹅氨酸等，风味尤其鲜美，其有效成分能消除重金属毒素，抑制癌细胞的生长与扩散。

盛产期：6 ~ 12 份

| 1 | 2 | 3 | 4 | 5 | 6 | 7 | 8 | 9 | 10 | 11 | 12 （月） |

（整年）

国产·输入

选 选购妙招

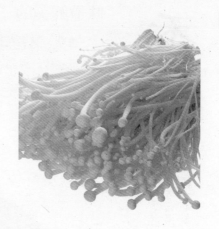

优质的金针菇颜色应该是淡黄至黄褐色，菌盖中央较边缘稍深，菌柄上浅下深；还有一种色泽白嫩的，应该是污白或乳白。不管是白是黄，颜色特别均匀、鲜亮，没有原来的清香而有异味的，可能是经过熏、漂、染或用添加剂处理过，要留意其药剂会不会影响健康，残留量是否达标。金针菇罐头如果颜色鲜亮，有刺鼻气味，汤汁混浊且有悬浮物的，可能是经过特殊处理的，不可选购。宜选肥厚干爽且自然原色者为佳。

储 储存方法

用热水烫一下，再放在冷水里泡凉后冷藏，可以保持原有的风味，0℃左右约可储存10天。用过滤水冲洗菌褶内的木屑或砂粒后，马上滤干，以干布或纸巾吸水，放在保鲜盒内放进冰箱冷藏。

烹 烹饪技巧

将鲜品水分挤干，放入沸水锅内汆一下捞起，亦可作为荤素菜的配料使用。

食用宜忌

一般人群均可食用，尤其适合气血不足、营养不良的老人和儿童，癌症患者、肝脏病、胃肠道溃疡、心脑血管疾病患者食用有良好疗效。脾胃虚寒者不宜多食。

食 推荐食谱

鸡丝炒百合金针菇

原料：

鸡胸肉150克，鲜百合20克，金针菇100克，红椒丝20克，葱段、姜片各少许，盐3克，生粉2克，水淀粉、料酒、食用油各适量。

做法：

❶ 鸡胸肉切成丝，加入少许盐、鸡粉、生粉，淋入食用油，拌匀，腌渍10分钟至其入味；

❷ 用油起锅，倒入鸡肉，放入姜片、葱段、红椒丝、金针菇，加入料酒、盐炒匀，倒入水淀粉，放入洗净的百合，炒至熟即可。

香菇

学名：Lentinus edodes

分类：香菇属

原产地：中国

味道鲜美的"真菌皇后"

香菇，又名花菇、香蕈、香信、香菌、冬菇、香菇，为侧耳科植物香蕈的子实体。香菇是世界第二大食用菌，也是中国特产之一，在民间素有"真菌皇后"之称。它是一种生长在木材上的真菌，味道鲜美，香气沁人，营养丰富。

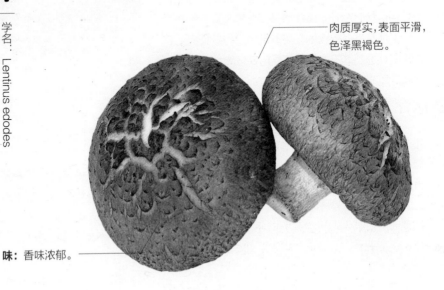

肉质厚实，表面平滑，色泽黑褐色。

味：香味浓郁。

营 营养与功效

香菇里含有大量谷氨酸和通常食物里罕见的伞菌氨酸、口蘑氨酸和鹅氨酸等，风味尤其鲜美。香菇可以辅助治疗糖尿病、肺结核、传染性肝炎、神经炎等，还可用于治疗便秘及消化不良。

盛产期：4 ~ 11月份

国产·输入

选 选购妙招

香菇以香味浓郁、肉质厚实、表面平滑、大小均匀的为佳。色泽黑褐色或黄褐色，菇面稍带白霜，菇褶紧实细白，柄短而粗。长得特别大的香菇不宜吃，有可能是激素催肥的。

储 储存方法

鲜香菇应在低温下透气存放，保存最好不超过3天；干香菇则要密封，放于避风阴凉处，注意防潮。买回来的新鲜香菇可直接放进冰箱冷藏，勿先洗净切片，否则香菇容易变黑坏掉。如果是干香菇，买回来后将袋子封好，放于通风干燥处即可。

食用宜忌

脾胃寒湿、气滞或皮肤瘙痒病患者忌食。

烹 烹饪技巧

烹调前，先用冷水将香菇表面冲洗干净，带柄的香菇可将根部除去，然后将"鳃页"朝下放置于温水盆中浸泡，待香菇变软，"鳃页"张开后，再用手朝一个方向轻轻旋搅，让泥沙沉入盆底。如果在浸泡香菇的温水中加入少许白糖，烹调后的味道更鲜美。

食 推荐食谱

香菇面

原料：

生面条250克，香菇15克，葱2根，酱油适量，精盐适量，麻油适量，素油适量。

做法：

❶ 将香菇用清水泡发，洗净切丝，葱洗净切段；

❷ 将香菇放入沸水锅煮熟；

❸ 加入面条煮10分钟；

❹ 捞出盛到碗中，撒葱花即可。

黑木耳

学名：Auricularia auricula (L.ex Hook.)Underwood

分类：木耳属

原产地：中国和日本

中餐中的"黑色瑰宝"

黑木耳色泽黑褐，质地柔软呈胶质状，薄而有弹性，湿润时半透明，干燥时收缩变为脆硬的角质近似革质。味道鲜美，可素可荤，营养丰富。木耳味甘，性平，具有很多药用功效。

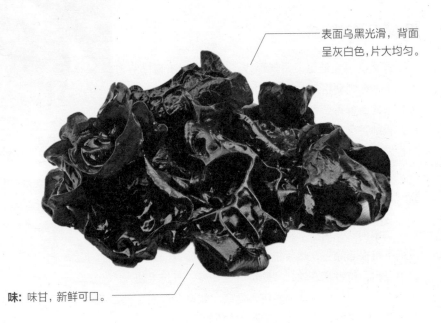

表面乌黑光滑，背面呈灰白色，片大均匀。

味: 味甘，新鲜可口。

营 营养与功效

黑木耳能益气强身，有活血功效，并可防治缺铁性贫血；可养血驻颜，令人肌肤红润；能够疏通肠胃，润滑肠道，同时对高血压患者也有一定帮助。

盛产期：6 ~ 10月份

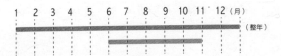

国产·输入

选 选购妙招

优质的黑木耳乌黑光滑，背面呈灰白色，片大均匀，木耳瓣舒展、体轻干燥、半透明、胀性好、无杂质、有清香气味。买鲜品，须选择肉厚形体大，愈重愈好，新鲜且无异样、异味者为佳。买干品，则以大朵、肉厚、无杂质、完整无缺者，即是良品。

储 储存方法

保存干木耳也要注意防潮，最好用塑料袋装好密封，常温下也可以冷藏保存。要放在通风、透气、干燥、凉爽的地方，避免阳光长时间的照射。由于黑木耳质地较脆，应减少翻动，轻拿轻放，不要压重物。

烹 烹饪技巧

泡发干木耳可用温水也可以用烧开的米汤泡发，使木耳肥大松软，味道鲜美。

食用宜忌

黑木耳有活血抗凝的作用，各种出血如痔疮出血、血痢便血、小便淋血、妇女崩漏、月经过多以及眼底出血、肺结核咳嗽咯血等患者不宜食用；有出血性疾病的人不宜食用。

食 推荐食谱

木耳鱿鱼汤

原料：

鱿鱼80克，火腿片10克，番茄片15克，水发木耳20克，鸡汤200毫升，姜片、葱段少许，盐2克，鸡粉1克，胡椒粉1克，陈醋、料酒、水淀粉各5毫升，芝麻油少许。

做法：

❶ 鱿鱼切小块，锅置火上，倒入鸡汤，倒入姜片、葱段，放入火腿片、鱿鱼、木耳，淋入料酒，大火煮约4分钟；
❷ 放入番茄片，加入盐、鸡粉、胡椒粉、陈醋、水淀粉，稍煮片刻至入味，淋上芝麻油即可。

TOP ❶ 毡盖木耳

毡盖木耳，中药名。分布于我国黑龙江、吉林、河北、山西、宁夏、河南、广东、广西、云南、西藏等地。具有抗肿瘤之功效，主治恶性肿瘤。

TOP ❷ 毛木耳

与黑木耳相比，耳片大且厚，硬脆耐嚼，平滑或稍有皱纹，紫灰色后变黑色。适合凉拌，风味如海蜇皮，有"树上蜇皮"的美称。

TOP ❸ 盾形木耳

形态特征为子实体一般较小，盘状，杯状或耳状，胶质，软，背面着生，无柄或稍有柄，边缘游离或常连接在一起，褐色至红棕褐色。

TOP ❹ 褐黄木耳

木耳目、木耳科、木耳属，夏季成群生长于法国梧桐等阔叶树腐木上。具有一定的保健作用。可食用，但口感比木耳稍差。此种分布南方各地区，可收集利用。

TOP ❺ 角质木耳

木耳目、木耳科、木耳属，春夏季生于榕、玉兰等阔叶树橘木上。多数成群生长，罕为单生。分布地区于福建、台湾、海南等，可食用。

TOP ❻ 房耳

房耳，又名房县黑木耳，产于湖北省房县。房县位于湖北省西北部、十堰市南部，介于大巴山和武当山之间，是中国著名的黑木耳生产基地县、驰名中外的"木耳之乡"。房耳色鲜、肉厚、朵大、质优、营养丰富。

TOP ❼ 皱木耳

实体一般较小，胶质，耳形或圆盘形，无柄，着生于腐木上。籽实层生里面，淡红褐色，有白色粉末，有明显皱褶并形成网格，外面稍皱，红褐色。

TOP ❽ 黄松甸黑木耳

黄松甸黑木耳，吉林省特产，中国国家地理标志产品。主产于该省蛟河市黄松甸镇及周边地区。由于其特殊的种植环境和种植方法，使得黄松甸黑木耳成分独特，品质优良。

含碘量丰富的"海上之蔬"

中国北部沿海及浙江、福建沿海大量栽培，产量居世界第一。富含褐藻胶和碘质，可食用及提取碘、褐藻胶、甘露醇等工业原料。海带是一种营养价值很高的蔬菜，同时具有一定的药用价值。含有丰富的碘等矿物质元素。海带热量低，蛋白质含量中等，矿物质丰富。研究发现，海带具有降血脂、降血糖、调节免疫、抗凝血、抗肿瘤、排铅解毒和抗氧化等多种生物功能。

海带

学名：Laminaria japonica
分类：海带属
原产地：中国北部沿海及浙江、福建沿海

———— 叶子宽厚，颜色深绿。

味：味道鲜美。————

营 营养与功效

海带是一种含碘量很高的海藻，养殖海带一般含碘3%~5%，多的可达7%~10%。海带性寒味咸，具有软坚散结、消痰平喘、通行利水、祛脂、降血压等功效。

盛产期：夏季

国产·输入

167

选 选购妙招

正常的海带是深褐色，腌制或者晒干之后，会呈现墨绿色或深绿色。不要买颜色特别鲜艳的海带，叶子宽厚的，没有枯黄的为佳。海带结和海带串宜挑选颜色深绿的最新鲜，那些有杂质、焦褐变色或是周围有黄白情形的，都是不够新鲜的海带。

储 储存方法

将拆封后的海带放置于冰箱冷藏室内保存，但应在短时间内食用，因为在保存过程中，微生物会不断繁殖，有害成分增加，营养下降，导致变质。可以将买回家的海带做小包分装，然后存放到冷冻库，要使用时拿一次的分量，才不会反复解冻破坏品质，要食用时只需要浸泡水中恢复即可。

食用宜忌

脾胃虚寒的人慎食，甲亢中碘过盛型的病人要忌食；孕妇与哺乳期妇女不可过量食用海带。

烹 烹饪技巧

在煮海带时加少许食用碱或小苏打，但不可过多，煮软后，将海带放在凉水中泡凉，清洗干净，捞出即可使用。

食 推荐食谱

芹菜拌海带丝

原料：
水发海带100克，芹菜梗85克，胡萝卜35克，盐3克，芝麻油5毫升，凉拌醋10毫升，食用油少许。

做法：
❶ 锅中注入清水烧开，加盐、食用油，倒入海带丝，放入胡萝卜丝、芹菜梗煮约1分钟；
❷ 食材装入碗中，加入适量盐，倒入少许凉拌醋，再淋入适量芝麻油，搅拌至食材入味，取盘，盛入拌好的食材即成。

口味鲜美的"岩礁骄子"

　　21世纪初中国紫菜产量跃居世界第一位，其富含蛋白质和碘、磷、钙等营养元素，供食用和药用。同时紫菜还可以入药，制成中药，具有化痰软坚、清热利水、补肾养心的功效。人工栽培品种群有条斑紫菜和坛紫菜。紫菜味道鲜美，含有大量的钙、磷、铁、碘、维生素，还有柔软的粗纤维组织，又含有大量的维生素B$_{12}$，可改善肠胃机能，是胃溃疡病人的极佳食材。

紫菜

学名：Porphyra
分类：紫菜属
原产地：中国沿海

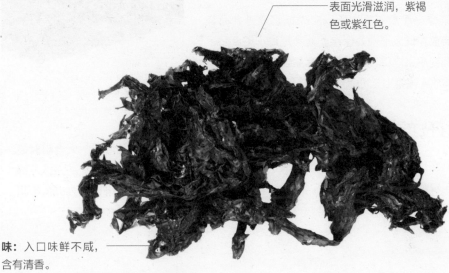

表面光滑滋润，紫褐色或紫红色。

味：入口味鲜不咸，含有清香。

营 营养与功效

　　紫菜性寒，味甘咸，入肺经，具有化痰软坚、清热利尿、补肾养心、降低血压、促进人体代谢等功效。可辅助治疗甲状腺肿大、颈淋巴结核、慢性支气管炎、夜盲症、贫血、水肿等病症。紫菜还有一定的降低胆固醇的作用，对防治动脉硬化、延年益寿均有益。

盛产期：冬季

| 1 | 2 | 3 | 4 | 5 | 6 | 7 | 8 | 9 | 10 | 11 | 12 | (月) |

（整年）

国产·输入

国产

选 选购妙招

选购时以表面光滑滋润，紫褐色或紫红色，有光泽，片薄，大小均匀，入口味鲜不咸，有紫菜特有的清香，质嫩体轻、身干、无杂质者为上品；而片厚而发黄绿色，色暗淡，有杂物，味带海水腥味者为次。

储 储存方法

紫菜容易反潮变质，所以应先把它放进食品袋中，然后放在低温干燥处保存。紫菜是海产类食品，容易返潮变质，应将其装入黑色食品袋并置于低温干燥处，或放入冰箱中，可保持其味道和营养。

烹 烹饪技巧

紫菜在冷作或烹调过程中忌与高酸、高碱的佐料或配料接触，以免产生化学反应，使这些营养物质流失或引起有碍消化吸收和胃肠反应等食物中毒现象。

食用宜忌

身体虚弱的人食用时最好加些肉类来减低寒性，每次不能食用太多，以免引起腹胀、腹痛。

食 推荐食谱

紫菜豆腐羹

原料：
豆腐260克，番茄65克，鸡蛋1个，水发紫菜200克，葱花少许，盐2克，鸡粉2克，芝麻油、水淀粉、食用油各适量。

做法：
❶ 锅中注入清水烧开，倒入油，放入番茄、豆腐块；
❷ 加入鸡粉、盐，放入紫菜，用大火煮至食材熟透，倒入水淀粉勾芡，倒入蛋液，淋入少许芝麻油，撒上葱花即可出锅。

香味浓郁的"雪裙仙子"

竹荪是寄生在枯竹根部的一种隐花菌类，营养丰富，香味浓郁，滋味鲜美，名列"四珍"（竹荪、猴头菇、香菇、银耳）之首。它以身形俊美动人而闻名，鲜品形态犹如一个穿裙子的姑娘，堪称"雪裙仙子"。

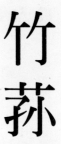

竹荪

学名：Dictyophora indusiata (Vent.ex Pers) Fisch

分类：竹荪属

原产地：中国福建、贵州、四川、云南等地

色泽金黄，菌裙摆较长。

味： 味清，口感细腻。

营 营养与功效

竹荪的营养价值很高，据测定含粗蛋白20%、粗脂肪26%、碳水化合物38.1%，还含有多种氨基酸，特别是谷氨酸的含量很丰富，高达1.76%。

盛产期：5～9月份

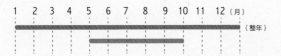

| 1 | 2 | 3 | 4 | 5 | 6 | 7 | 8 | 9 | 10 | 11 | 12 （月） |

（整年）

国产·输入

国产

选 选购妙招

选购时应尽量挑形状完整，菌裙摆较长且均匀，色泽金黄的品种。太白的竹荪一般是加工过的，不是天然色泽。

储 储存方法

真空是最好的储存方法，如果是散装的建议太阳晒干后再保存。

烹 烹饪技巧

竹荪宜用淡盐水泡发，并剪去菌盖头以去怪味。

食用宜忌

竹荪性凉，脾胃虚寒者、腹泻者不宜多吃。在众多的竹荪品种中，有一种黄裙竹荪，也叫杂色荪，菌裙的颜色为橘黄色或柠檬黄色，这种黄裙竹荪有毒，不可食用。

食 推荐食谱

红枣竹荪莲子汤

原料：
红枣3颗，水发竹荪5根，水发莲子130克，冰糖40克。

做法：
❶ 砂锅注水，倒入泡好的莲子，泡发洗好的竹荪；
❷ 倒入洗好的红枣，加入冰糖，拌匀；
❸ 加盖，用大火煮开后转小火续煮40分钟至食材熟软；
❹ 揭盖，关火后盛出甜汤，装碗即可。

清肠润肺的"菌中之冠"

　　银耳有"菌中之冠"的美称。夏秋季生于阔叶树腐木上，分布于我国浙江、福建、江苏、江西、安徽等十几个省份。它既是名贵的营养滋补佳品，又是扶正强壮的补药。历代皇家贵族都将银耳看作是"延年益寿之品，长生不老良药"。

银耳

学名：Tremella

分类：银耳科

原产地：四川通江

耳叶呈黄白色，富有光泽。

味：味有清香，耳肉肥厚。

营 营养与功效

　　银耳富含维生素D，能防止钙的流失；银耳中含有17种氨基酸，人体所必需的氨基酸中的3/4银耳都能提供，能促进人体对钙的吸收，预防骨质疏松。

盛产期：5～10月份

| 1 | 2 | 3 | 4 | 5 | 6 | 7 | 8 | 9 | 10 | 11 | 12 （月） |

（整年）

国产·输入

国产

选 选购妙招

　　银耳颜色黄白，新鲜有光泽，瓣大、清香、有韧性、胀性好、无斑点杂色、无碎渣的品质最佳。质感较差的银耳色泽不纯或带有灰色，没有韧性，耳基未除尽，胀性差。优质的白木耳呈乳白色或米黄色，若呈黄色，一般是下雨时采摘或受潮后烘干的；质量好的白木耳，耳花大而松散，耳肉肥厚，色泽白色略带微黄，蒂头无黑斑或杂质，朵形较圆大而美观，干燥无异味。

储 储存方法

　　银耳易受潮，可先装入瓶中密封，再放于阴凉干燥处保存。要放在通风、透气、干燥、凉爽的地方，避免阳光长时间的照射。由于白木耳质地较脆，应减少翻动，轻拿轻放。

烹 烹饪技巧

　　银耳一定要把根部剪掉，这样才容易煮烂，而且一定要小火慢煮，直到煮烂为止，这样胶质才会全部被煮出来。

食用宜忌

　　银耳能清肺热，故外感风寒者忌用。此外，忌食霉变银耳，霉变后，产生的很强的毒素对身体危害重大，严重者将导致死亡。

食 推荐食谱

枸杞党参银耳汤

原料：

枸杞 8 克，党参 20 克，水发银耳 80 克，冰糖 30 克。

做法：

❶ 耳切去黄色根部，切成小块，砂锅中注入清水烧开；

❷ 放入备好的枸杞、党参、银耳，烧开后转小火煮约20分钟；

❸ 揭盖，加入适量冰糖；

❹ 拌匀，煮至冰糖溶化；

❺ 关火后盛出煮好的银耳汤即可。

菌肉肥厚的名贵真菌

　　口蘑伞盖肥厚，口感细腻软滑，气味极清香，味道异常鲜美。由于产量不大，需求量大，所以价值昂贵，目前仍然是中国市场上最为昂贵的一种蘑菇，产于河北、内蒙古、黑龙江、吉林、辽宁等地。因为这种蘑菇通常运到张家口市加工，再销往内地，故称口蘑。

口蘑

学名：Agaricus bisporus
分类：口蘑属
原产地：法国

菌柄短状，边缘完整紧卷。

味：味道鲜美。

营 营养与功效

　　口蘑富含微量元素硒，是良好的补硒食品。含丰富的植物纤维，具有减肥美容、防止便秘、排毒、预防糖尿病及大肠癌、降低胆固醇的作用。

选 选购妙招

　　市面上常见的口蘑有两种：一种是新鲜的散装的，一种是袋装的。散装的口蘑要仔细看看颜色，不要选太白的，而应该选表面没斑点，有点正常的淡黄色的为佳。

储 储存方法

　　应选购新鲜的口蘑，切开之后淋上柠檬或醋，可防止其变色。新鲜蘑菇不要清洗，直接用保鲜袋装起来，放入冰箱冷藏保存，但需要拿出来透气，否则容易腐烂。

盛产期：8～9月份

| 1 | 2 | 3 | 4 | 5 | 6 | 7 | 8 | 9 | 10 | 11 | 12 |（月）|

（整年）

国产・输入

国产

烹 烹饪技巧

　　最好吃鲜蘑，市场上有泡在液体中的袋装口蘑，食用前一定要多漂洗几遍，以去掉某些化学物质。宜配肉菜食用，口蘑本身味道鲜美，吃时不用再放鸡精和味精了。

食用宜忌

　　一般人均可食用，尤其适合肥胖、便秘、糖尿病、心血管系统疾病患者食用。

食 推荐食谱

口蘑嫩鸭汤

原料：

口蘑片150克，鸭肉片300克，高汤600毫升，葱段、姜片各少许，盐2克，料酒5毫升，胡椒粉、食用油各适量。

做法：

❶ 鸭肉加入少许的盐、料酒腌渍15分钟后汆水；

❷ 热锅注油，倒入姜片、葱段爆香，加入鸭肉片，倒入高汤，再加入口蘑，加入少许盐，大火煮开转小火煮5分钟；

❸ 加入胡椒粉调味即可。

口蘑品种

TOP ❶ 崂山松蘑

崂山松蘑生长于崂山落叶松树下，每年夏秋季节，雨后潮湿时生长。因崂山落叶松种植稠密，树干高且直立，使地面呈花荫状，因而适宜其生长。

TOP ❷ 粗壮口蘑

子实体中等大。菌盖直径5~10厘米，幼时半球形，后渐平展，表面干燥；有深褐色至茶褐色细鳞片，边缘内卷并往往附丝棉状菌膜。

TOP ❸ 褐蘑

又名香口蘑，其盖大柄粗、菌肉肥厚。口感比白蘑菇更细嫩鲜美，香味比香菇更加浓郁适口，同时具有极高的营养价值。

TOP ❹ 假松口蘑

中文别名傻松口蘑、青杠松茸、青杠菌，子实体一般中等大。具有栗褐色至浅褐色平伏的纤毛状鳞片，近边缘色浅呈淡灰黄色、淡黄色、奶油色至污白色，中部暗色。

食味香甜的"四大菌王"之一

　　牛肝菌类是牛肝菌科和松塔牛肝菌科等真菌的统称，其中除少数品种有毒或味苦而不能食用外，大部分品种均可食用。因肉质肥厚，极似牛肝而得名，是名贵稀有的野生食用菌，为"四大菌王"之一。西欧各国也有广泛食用白牛肝菌的习惯，除新鲜的做菜外；大部分切片干燥，加工成各种小包装，用来配制汤料或做成酱油浸膏，也有制成盐腌品食用。

牛肝菌

学名：Boletus
分类：牛肝菌科
原产地：中国

叶片肥厚，菌盖呈伞形。

味：香味纯正浓厚。

营 营养与功效

　　牛肝菌含有人体必需的8种氨基酸，还含有腺膘呤、胆碱和腐胺等生物碱，可供药用，治疗腰腿疼痛、手足麻木、四肢抽搐，还可用于治妇女白带异常。它具有清热解烦、养血和中、追风散寒、舒筋活血、补虚提神等功效，另外还有抗流感病毒、防治感冒的作用。

盛产期：6～10月份

国产·输入

选 选购妙招

选购牛肝菌以选择籽实肥厚，菌朵单生，菌盖呈伞形，菌柄粗壮的为宜。品质良好的牛肝菌，颜色为赤褐色或黄褐色，切开后不变色。干品牛肝菌为白色至黄褐色。

储 储存方法

在太阳下晒干储藏，要食用时在水里漂一段时间，就可以跟鲜野生菌一样。

烹 烹饪技巧

干的牛肝菌在炒之前尽量煮上十几分钟，一定不要加葱，容易中毒；新鲜的牛肝菌在锅里的时间一定不能低于3分钟，炒煳的牛肝菌不能吃。为了保持新鲜牛肝菌的口感，可以事先过油脱水以后再炒。

食用宜忌

牛肝菌中的魔牛肝菌有毒，食后可导致呕吐、腹泻和痉挛，但经煮沸后，毒素可因高温而分解。因此鲜吃要注意，必须用开水氽一下，否则是很容易拉肚子的。

食 推荐食谱

牛肝菌蒸水蛋

原料：

鸡蛋300克，牛肝菌100克，盐5克，鸡精2克，味精1克，色拉油15毫升。

做法：

❶ 将牛肝菌洗净，切片；

❷ 鸡蛋调散，下盐、味精、鸡精，适量鲜汤以及少许色拉油，倒入容器中；

❸ 放入牛肝菌，上笼蒸熟，撒上小葱花即成。

品种群繁多的"肠胃保护伞"

平菇芽管不断分枝伸长，形成单核菌丝；双核菌丝在隔膜上有锁状联合，双核菌丝借助于锁状联合，不断进行细胞分裂，产生分枝，在环境适宜的条件下，无限地进行生长繁殖。平菇质地肥厚，嫩滑可口，有类似牡蛎的香味，鲜嫩诱人，加之价钱便宜，是百姓餐桌上的佳品。

平菇

学名：Pleurotus ostreatus
分类：侧耳属
原产地：中国

————质地脆嫩而肥厚。

味：气味纯正清香，
无杂味。

营 营养与功效

平菇对肝炎、慢性胃炎和十二指肠溃疡、软骨病、高血压等都有疗效，对降低血胆固醇和防治尿道结石也有一定效果，对妇女的更年期综合征可起调理作用。

选 选购妙招

选购平菇的时候应选择菇行整齐不坏，颜色正常，质地脆嫩而肥厚，气味纯正清香，无杂味、无病虫害，八成熟的鲜平菇。八成熟的菇菌伞不是翻张开，而是菌伞的边缘向内卷曲的。

储 储存方法

可将平菇放入塑料袋中，放于干燥处保存。

盛产期：3～8月份

国产·输入

🔥 烹饪技巧

　　平菇可以炒、烩、烧，鲜品出水较多，易被炒老，需须掌握好火候。

食用宜忌

　　平菇对肝炎、高血压等都有疗效，对降低血胆固醇和防治尿道结石也有一定效果。

🍲 推荐食谱

豆芽平菇汤

原料：

豆芽 100 克，平菇 200 克，盐 5 克。

做法：

❶ 豆芽洗净，平菇洗净，分别切块、切片，备用；

❷ 平菇加入煮好的水中煮 10 分钟；

❸ 改旺火加入豆芽，煮沸关火；

❹ 最后加盐即可。

平菇品种

TOP ❶ 糙皮侧耳

子实体中等至大型，有纤毛，水浸状，扁半球形，后平展，有后沿。菌肉白色，厚。菌褶白色，在柄上交织。菌柄侧生，短或无，内实，白色，基部常有绒毛。

TOP ❷ 肺形侧耳

菌盖直径4～8厘米，可达10厘米，表面光滑，白色、灰白色至灰黄色，边缘平滑或稍呈波状。菌肉白色，靠近基部稍厚。菌褶白色。菌柄很短或无，白色，有绒毛。

TOP ❸ 凤尾菇

凤尾菇为真菌，肉肥味美。凤尾菇含有丰富的蛋白质、氨基酸及多种维生素、矿物质。凤尾菇含有生理活性物质，能够诱发干扰素的合成，从而提高人体免疫力，具有防癌、抗癌的作用。

TOP ❹ 佛州侧耳

菌肉稍薄，白色。菌褶浅黄白色，干时变淡黄色。菌柄侧生，或偏心生至中央生，细长，内实，白色。基部有时有白色绒毛。

Chapter 6

野菜类

　　野菜，也就是非人工种植的蔬菜。它不仅能够丰富餐桌，也是防病治病的良药。野菜不仅含人体所必需的蛋白质、脂肪、碳水化合物、维生素、矿物质等营养成分，而且植物纤维更为丰富，有的野菜维生素、矿物质含量比栽种的蔬菜高几倍甚至几十倍。而且大多野菜生长于山林之中，未受到现代工业和农药化肥的污染，尤为珍贵。

香椿

学名：Toona sinensis (A. Juss.) Roem.

分类：香椿属

原产地：中国

抗菌防癌的"树上蔬菜"

香椿被称为"树上蔬菜"，是香椿树的嫩芽。每年春季谷雨前后，香椿发的嫩芽可做成各种菜肴，它不仅营养丰富，且具有较高的药用价值。香椿叶厚芽嫩，绿叶红边，犹如玛瑙、翡翠，香味浓郁，营养之丰富远高于其他蔬菜，为宴宾之名贵佳肴。

茎部较脆，菜叶鲜绿。

味：味道浓厚，含有
清香。

营 营养与功效

香椿嫩叶内富含大量蛋白质、糖类、维生素B、维生素C、胡萝卜素以及大量挥发油和磷、铁等矿物质，各种营养素比较全面均衡，其中含有维生素E和性激素物质，有抗衰老和补阳滋阴的作用，故有"助孕素"的美称。

盛产期：4~5月份

| 1 | 2 | 3 | 4 | 5 | 6 | 7 | 8 | 9 | 10 | 11 | 12 | (月) |

（整年）

国产·输入

国产

选 选购妙招

香椿选购时应挑选枝叶呈红色，短壮肥嫩，香味浓厚，无老枝叶，长度在10厘米以内为佳。香椿叶的味道浓厚，购买时以香味浓郁的为佳。

储 储存方法

摘下的鲜香椿洗净，然后过热水焯烫一下，至香椿由红变绿即可。捞出浸泡凉水几分钟，然后挤干水分，分成一份一份的，装入保鲜袋中，卷起来，封口直接入冰箱冷冻。这样可保存半年之久，而且化冻之后香椿味十足，和新鲜的无异。

食用宜忌

辅助治疗肠炎、痢疾、泌尿系统感染的良药，香椿为发物，多食易诱使痼疾复发，故慢性疾病患者应少食或不食。

烹 烹饪技巧

香椿是季节性蔬菜，很多人喜欢把它冻藏起来，周年食用，但是香椿速冻之前也要焯一下。研究数据表明：焯烫50秒钟之后再冻藏，不仅安全性大大提高，而且维生素C也得以更好地保存。

食 推荐食谱

香椿豆

原料：

香椿150克，黄豆300克，盐3克，鸡精2克，香油3毫升。

做法：

❶ 把泡发后的黄豆用开水煮熟备用；

❷ 把洗净的香椿用开水余烫几秒钟捞出；

❸ 把烫好的香椿切末和煮熟的黄豆混合，里面撒少许盐；

❹ 香椿豆里再放入少许鸡粉，滴几滴香油拌匀即可。

TOP ❶ 红香椿

香椿苗芽即香椿树小树所发的苗芽，采摘季节一般在冬季大棚，比较有市场价值，大棚香椿具有品质优、上市早、价格高、销售快等特点，香椿在生长期间不发生病虫害。

TOP ❷ 红叶香椿

芽初放近深棕红色，嫩叶皱缩，展叶后羽叶前端小叶边缘呈淡红棕色，光亮，有皱缩，其余小叶为绿色。该品种主干明显，生长旺盛，其嫩芽香气较淡，易木质化，品质差。

TOP ❸ 红芽绿椿

芽初放时棕红色，很快转为绿色，但顶部为棕色。展叶后叶、叶柄、叶轴及一年生茎秆均为绿色，芽香味淡，芽薹粗壮宜鲜食，发芽早，产量高。

TOP ❹ 黑油椿

芽初放时为紫红色，光泽油亮，后由下至上逐渐变为墨绿色，尖端暗紫红色，芽粗壮肥嫩，油脂厚，香味浓，无苦涩味，嫩叶有皱纹。椿薹和叶轴为紫红色，背面绿色。食之无渣，品质上等。

TOP ❺ 青油椿

芽初放时为淡褐红色，展叶后正面黄绿色，背面微红，叶稍有皱缩。嫩芽叶甜，多汁，香味浓，品质好，产量高。

TOP ❻ 薹椿

芽初放时淡褐红色，展叶后正面黄绿色，背面微红，叶稍有皱缩。嫩芽叶甜，多汁，香味浓，品质好，产量高。

TOP ❼ 红油椿

芽初放时鲜红色，展叶初期变鲜紫色，光泽油亮，嫩叶有皱纹，肥厚，香味浓，有苦涩味，生食时需用开水速烫。椿薹及叶轴粗壮肥嫩，色微红，食之无渣。

TOP ❽ 水椿

芽浅紫色，极易抽薹，薹粗壮肥嫩，含纤维少，多汁，香味较淡，无苦涩味，鲜食最好，清脆可口。

预强化视力的"保健长寿菜"

番薯叶又称地瓜叶，旋地瓜秧蔓顶端的 10～15 厘米及嫩叶、叶柄合称茎尖，这是地瓜茎叶中食味最好的部分，过去多弃置不用，而今因其诱人的视力保健功能而日益受到世人的青睐。日本人则推崇其为令人长寿的新型蔬菜，具有显著的食疗保健功能，是很有开发价值的保健长寿菜。

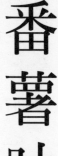

番薯叶

学名：Ipomoea batatas
分类：旋花科番薯属
原产地：中国

叶片鲜嫩，茎叶均可食用。

味：甜

营 营养与功效

番薯叶含胡萝卜素、维生素C、钙、磷、铁及氨基酸，而草酸含量又很少；番薯内含的丰富的黄酮类化合物，能捕捉在人体内兴风作浪的氧自由基"杀手"，具有抗氧化、提高人体抗病能力、延缓衰老、抗炎防癌等多种保健作用。

盛产期：5～6月份

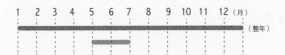

| 1 | 2 | 3 | 4 | 5 | 6 | 7 | 8 | 9 | 10 | 11 | 12 | （月） |

（整年）

国产·输入

国产

选 选购妙招

选购番薯叶时要挑选新鲜，色泽纯正，卷曲有力，无黄叶的。

储 储存方法

保存时用半湿的报纸包起来，放在冰箱冷藏室可保存3~5天。

烹 烹饪技巧

选取鲜嫩的叶尖，用开水烫熟后，配以香油、酱油、醋、辣椒油、姜汁等调料，制成凉拌菜，外观嫩绿，使人胃口大开。

食用宜忌

对于番薯叶，一般人群均可食用，但是肠胃消化力不佳的人，以及肾病患者不宜过多食用。

食 推荐食谱

粉蒸番薯叶

原料：
番薯叶100克，面粉、盐、大蒜、生抽、米醋各适量。

做法：
❶ 番薯叶用清水漂洗干净，放到盆里加适量盐，拌匀；
❷ 撒干面粉，面粉要多一些，将番薯叶完全包裹住；
❸ 锅中加凉水后，上锅蒸10分钟左右；
❹ 大蒜捣碎后，加生抽、少量醋调成味汁。
❺ 淋在蒸熟的番薯叶上即可。

清香味浓的"山菜之王"

　　蕨菜又叫拳头菜、猫爪、龙头菜，其食用部分是未展开的幼嫩叶芽。经处理的蕨菜口感清香滑润，再拌以佐料，清凉爽口，是难得的上乘酒菜；还可以炒吃，加工成干菜，做馅、腌渍成罐头等。春天，它的嫩叶刚刚长出，还处于卷曲未展时，人们便将它采摘下来以备食用，被称为"山菜之王"。

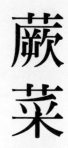

蕨菜

学名：Pteridium aquilinum var.latiusculum
分类：真蕨目
原产地：中国

叶片卷曲，茎部
呈紫色。

味： 清凉爽口，清香
滑润。

营 营养与功效

　　蕨菜营养价值丰富，富含蛋白质、脂肪、钙、糖类、磷、铁、胡萝卜素等元素，具有很高的药用价值。蕨菜的根、茎、叶、苗皆可入药，具有降压、利尿、除湿、解毒、驱虫等功效，可治痢疾、肠炎、头晕、失眠、高血压及关节炎等；对跌打损伤、内伤吐血、壮举晕失眠、高血压和慢性关节炎都有较好的食用疗效，是一种廉价可口的佳蔬良药。

盛产期：秋、冬季

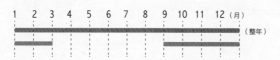

国产·输入

国产

选 选购妙招

挑选蕨菜时，可以看叶子：蕨菜叶是卷曲状时，说明它比较鲜嫩，老了后叶子就会舒展开来。选择茎肥色紫的蕨菜最嫩，茎干为细绿色的就有些老，不好摘。

储 储存方法

挑选质地鲜嫩、无明显损伤或者无腐烂变质的蕨菜为原料，按照蕨菜的长度进行分类，注意保证蕨菜弯曲部分的完整性，然后将蕨菜放到流动的水中，冲洗掉上面的泥沙、残渣及其他的一些杂质。经过冲洗干净的蕨菜既可以晒干制成干蕨菜，也可以将蕨菜置于85~90℃、浓度为1%的淡盐水中漂烫约3分钟后捞出，沥干水分就可以保存了。

烹 烹饪技巧

一些商业制作的干蕨菜在制作和存储中大量使用了添加剂，彻底泡发有利于降低这些添加剂的副作用。干蕨菜可以用开水加快泡发速度。

食用宜忌

把蕨菜在白开水里焯烫到熟透，尤其是凉拌的情况下，一定要熟透，尽量不要生食蕨菜，一些蕨菜生食会中毒。焯水有利于去掉蕨菜的涩味和有毒有害物质。

食 推荐食谱

五彩蕨菜

原料：

蕨菜120克，豆腐干100克，鲜香菇80克，竹笋100克，青椒、红椒各40克，蒜末、姜末、葱段各适量，料酒5毫升，盐3克，鸡粉2克，生抽4毫升，水淀粉3毫升，油适量。

做法：

❶ 锅中注油，倒入豆腐干，滑油至金黄色，锅中注入清水，加入盐，倒入食材，汆煮至断生；

❷ 倒入葱蒜，加入豆腐干，淋入料酒，加盐、鸡粉、生抽，倒入水淀粉即可。

利尿消炎的"尿床草"

蒲公英叶是当今多国新兴的一种野菜。蒲公英植物体中含有蒲公英醇、菊糖等多种健康元素，有利尿、缓泻、退黄疸、利胆等功效。蒲公英同时含有蛋白质、脂肪、碳水化合物、微量元素及维生素等元素，有丰富的营养价值，可生吃、炒食、做汤，是药食兼用的植物。

蒲公英

学名：Herba Taraxaci

分类：蒲公英属

原产地：多分布于北半球

叶片带有香气，较为质嫩。

味：味道清淡，略有苦味。

营 营养与功效

蒲公英植物体中含有蒲公英醇、蒲公英素、胆碱、有机酸、菊糖等多种健康营养与功效，有利尿、缓泻、退黄疸、利胆等功效。

选 选购妙招

新鲜蒲公英要选择叶片干净、略带香气者，干燥蒲公英则选颜色灰绿，无杂质、干燥者。

储 储存方法

蒲公英晒干后是可以保存的，不过洗净之后，晒干之前不能用烫的，不然就失去药性了，会有丢失成分的现象，所以蒲公英只能阴干烘干，就是不能烫了后晒干。

盛产期：3～8月份

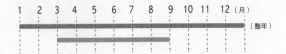

国产·输入

烹 烹饪技巧

蒲公英可生吃、炒食、做汤、焰拌，风味独特。生吃：将蒲公英鲜嫩茎叶洗净，沥干蘸酱，略有苦味，味鲜美、清香且爽口。凉拌：洗净的蒲公英用沸水焯1分钟，沥出，用冷水冲一下。

食用宜忌

阳虚外寒、脾胃虚弱者忌用。

食 推荐食谱

大黄蒲公英茶

原料：

蒲公英6克，大黄8克。

做法：

❶ 取一茶杯，倒入备好的大黄和蒲公英；
❷ 注入适量的开水，浸泡约7分钟即可。

蒲公英品种

TOP ❶ 白花蒲公英

分布于甘肃西部（阿克塞）、青海、新疆、西藏等省区。生于海拔2500~6000米处，山坡湿润草地、沟谷、河滩草地以及沼泽草甸处。全草入药，能清热解毒、利尿散结。

TOP ❷ 白缘蒲公英

分布在日本、朝鲜、俄罗斯以及中国多个地区，生长于海拔1900~3400米的地区，见于山坡草地以及路旁。

TOP ❸ 东北蒲公英

分布在俄罗斯、朝鲜以及中国大陆的黑龙江、辽宁、吉林等地，叶倒披针形，两面疏生柔毛，羽状深裂或羽状浅裂，具疏齿，花葶多数；头状花序下面有疏绒毛。

TOP ❹ 华蒲公英

叶倒卵状披针形或狭披针形，边缘叶羽状浅裂或全缘，具波状齿，叶柄和下面叶脉常为紫色。生长于海拔300~2900米的地区，稍潮湿的盐碱地或原野、砾石中。

补血养气的蔬菜珍品

藜蒿

学名：Artemisiaselengensis
分类：蒿属
原产地：蒙古

　　藜蒿清香爽口，性平，味甘辛，是一种蔬菜珍品，具有健体补虚、清心解毒、利胆退黄等作用，主治肝胆湿热、脾虚纳滞等病症。近年来研究表明，藜蒿具有丰富的营养价值和特有的药用价值，可达到降血压、补血养气、防癌抗癌、健胃等明显的药用效果。

外形呈嫩绿色，肉质脆嫩。

味： 性凉，味甘苦，气味甘甜。

营 营养与功效

　　藜蒿包含多类营养成分，特别含有大量胡萝卜素与维生素C，有利于增强人体免疫功能，提高机体素质，防病治病，润泽皮肤。

盛产期：3～4月份

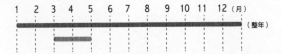

国产·输入

选 选购妙招

挑选色泽均匀、形体完整的藜蒿。茎秆只有毛衣针粗细的为最佳，太粗或太细的口感都差一些。判断藜蒿老还是嫩，只需用手指轻轻一折，能很容易脆生生地被折断或掐断的就是嫩的茎，反之就是老的。选购藜蒿时最好选择嫩的茎。

储 储存方法

若买的时候商家洒了很多水，最好把水稍微甩干一点，或摊开晾干水气，然后用纸把蔬菜根部包一下，再放入保鲜袋中，竖着放在阴凉通风的地方，但不宜久存，要尽快吃完。

烹 烹饪技巧

藜蒿中的芳香精油遇热易挥发，烹调时应以旺火快炒。

食用宜忌

一般人群均可食用，特别适合高血压患者、脑力劳动人士、贫血者、骨折患者。但藜蒿辛香滑利，胃虚腹泻者不宜多食。

食 推荐食谱

藜蒿炒腊肠

原料：

腊肠片300克，藜蒿300克，熟猪油50克，盐1克。

做法：

❶ 锅内加猪油烧热，加入蒜瓣炒香，再加入腊肠片翻炒；

❷ 腊肠炒至肥肉变透明，倒入藜蒿翻炒数秒；

❸ 加盐翻炒几下即可出锅。